Zeitschrift für Meteorologie

Heft 6 · 1977 · Band 27

Im Auftrage der
Meteorologischen Gesellschaft
der Deutschen
Demokratischen Republik

herausgegeben von
K. Bernhardt, Berlin,
E. A. Lauter, Berlin und
H. Pleiß, Dresden

Akademie-Verlag · Berlin

Zf Meteor. Bd. 27 Heft 6 S. 339–393 · Berlin 1977
EVP 8,– M
34 126

Bezugsmöglichkeiten der Zeitschrift für Meteorologie

Bestellungen sind zu richten

- *in der DDR* an den Postzeitungsvertrieb, an eine Buchhandlung oder an den Akademie-Verlag, DDR – 108 Berlin, Leipziger Straße 3–4
- *im sozialistischen Ausland* an eine Buchhandlung für fremdsprachige Literatur oder an den zuständigen Postzeitungsvertrieb
- *in der BRD und Westberlin* an eine Buchhandlung oder an die Auslieferungsstelle KUNST UND WISSEN, Erich Bieber, 7 Stuttgart 1, Wilhelmstraße 4–6
- *in Österreich* an den Globus-Buchvertrieb, 1201 Wien, Höchstädtplatz 3
- *im übrigen Ausland* an den Internationalen Buch- und Zeitschriftenhandel; den Buchexport, Volkseigener Außenhandelsbetrieb, der Deutschen Demokratischen Republik, DDR – 701 Leipzig, Postfach 160, oder an den Akademie-Verlag, DDR – 108 Berlin, Leipziger Str. 3–4.

Zeitschrift für Meteorologie

Herausgeber: Im Auftrage der Meteorologischen Gesellschaft der Deutschen Demokratischen Republik herausgegeben von Prof. Dr. Karlheinz Bernhardt, Berlin; Prof. Dr. Ernst August Lauter, Berlin und Prof. Dr. Hermann Pleiß, Dresden.

Verlag: Akademie-Verlag, DDR – 108 Berlin, Leipziger Str. 3–4; Fernruf 2 23 62 21 oder 2 23 62 29
Telex-Nr.: 11 44 20; Postscheckkonto: Berlin 35021; Bank: Staatsbank der DDR, Berlin, Kto.-Nr.: 6836-26-20712.

Verantwortlicher Redakteur: Dr. Rolf Haake, Potsdam

Anschrift der Redaktion: Zeitschrift für Meteorologie, DDR – 15 Potsdam, Kleine Weinmeisterstr. 14; Fernruf: Potsdam 2 54 18.

Veröffentlicht unter der Lizenznummer 1281 des Presseamtes beim Vorsitzenden des Ministerrates der Deutschen Demokratischen Republik.

Gesamtherstellung: VEB Druckerei »Gottfried Wilhelm Leibniz«, DDR – 445 Gräfenhainichen.

Erscheinungsweise: Die Zeitschrift für Meteorologie erscheint jährlich in einem Band mit 6 Heften.
Bezugspreis je Band 72,– M zuzüglich Versandspesen (Preis für die DDR 48,– M);
Preis je Heft 12,– M (Preis für die DDR 8,– M).

Bestellnummer dieses Heftes: 1013/27/6

AN (EDV) 7725

Zeitschrift für Meteorologie

Heft 6 · 1977 · Band 27

551.58:62

Zur Problematik der Nutzung von Kenntnissen über die Wechselwirkung zwischen der Atmosphäre und technischen Objekten bzw. Prozessen*

Von J. Kolbig

Die gegenwärtige Phase der Zusammenarbeit zwischen Meteorologie und Technik ist gekennzeichnet durch die sich in den Anwenderbereichen in zunehmendem Maße durchsetzende Erkenntnis, daß die Berücksichtigung der Wechselbeziehungen zwischen der Atmosphäre und den technischen Objekten bzw. Prozessen produktionsrelevant ist und daß sowohl gegenwärtig als auch in Zukunft statistische Beschreibungen des meteorologischen Risikos die adäquaten Entscheidungshilfen im nichtoperativen Bereich sind und nicht langfristige Prognosen diskreter meteorologischer Ereignisse, die beim derzeitigen Wissensstand noch mit einer geringen Eintreffwahrscheinlichkeit behaftet sind.

Die Untersuchung des Nutzungsgrades meteorologischer Informationen über Einwirkungen innerhalb der verschiedensten technischen Anwendungsbereiche ergibt, daß dieser dort am höchsten ist, wo eine intensive technologische Durchdringung der Projektierung, Konstruktion bzw. Produktion vorhanden ist bzw. wo eine exakte Kostenplanung erfolgt.

Wie bedeutungsvoll die Einbeziehung meteorologischer Kenntnisse zur Gestaltung technischer Objekte sein kann, wird beispielsweise bei der Lösung des Problems „Optimaler Wärmeschutz für Bauwerke" deutlich. Bei jedem Teilschritt zur Beherrschung dieser Aufgabe sind meteorologische Informationen unerläßlich. Angefangen von der standortspezifischen Dimensionierung der Bauten zur Gewährleistung des hygienisch erforderlichen Mindestwärmeschutzes bis zu der dem Klima der verschiedenen Standortkategorien angepaßten Abstimmung der Relation zwischen Investitionsaufwendungen und Energiekosten für Heizung oder Klimatisierung, die bei der Nutzung entstehen, und die, entsprechend der Lebensdauer des Bauwerkes, durch den Integralwert aller Witterungsereignisse bestimmt werden, erstreckt sich bei dieser Aufgabe ein außerordentlich weites Feld für die Zusammenarbeit.

Als Beispiel für die Beherrschung eines Produktionsprozesses, für den genaue Kenntnisse der Wechselwirkungsmechanismen Atmosphäre/Prozeßteilschritte unerläßlich sind, sei der Einsatz von Hebezeugen genannt. Durch die wissenschaftlich unzureichend formulierten meteorologischen Einsatzkriterien, wie sie in den einschlägigen Arbeitsschutzanordnungen enthalten sind, kommt es zu nicht eindeutig geregelten Prozeß-Unterbrechungen, die die Planmäßigkeit der Baudurchführung hemmen.

Beide Beispiele machen deutlich, daß selbst kleine Beiträge der Meteorologie, wenn sie bei Problemen von gesamtvolkswirtschaftlichen Dimensionen geleistet werden, nicht zu vernachlässigen sind.

* Vortrag gehalten auf der Tagung „Die Atmosphäre als Umweltfaktor" Potsdam, 18.–20. 11. 1974

Dies gilt um so mehr, wenn dabei Fragen des Wohnungsbaues als Kernstück der Hauptaufgabe oder ganz allgemein, wenn Probleme der Material- und Energie-Ökonomie, die sich ja gegenwärtig in bisher nicht gekannter Schärfe stellen, berührt werden.

Relevante Rückwirkungen auf die Atmosphäre gehen im allgemeinen nicht von einem einzelnen Objekt oder einem Prozeß aus, sondern von der bebauten Umwelt insgesamt mit ihrer Ballung von Einzelbauwerken, Wärme-, Feuchte- und Schadstoffquellen, die gegenüber dem Umland stark veränderte Energie- und Stoffumsatzbedingungen bewirken. Auf diesem Gebiet werden meteorologische Informationen bereits in großem Umfang bei Standortentscheidungen für Einzelobjekte genutzt.

In der Stadt- und Territorialplanung ist ihr Nutzungsgrad jedoch noch relativ gering.

Wie die Entwicklung auf diesem Gebiet zeigt, sind wirkungsvolle Maßnahmen zur Erhaltung der Umwelt trotz hohen industriellen Wachstumstempos nur möglich, wenn die quantitativen Bilanzierungen der Gesamtpalette von Umweltschutzmaßnahmen in ihrer Relation zu den atmosphärischen Bedingungen für den Schadstofftransport und den begrenzten Möglichkeiten der Schadstoffverdünnung vorgenommen wird. Dabei sind nicht nur die Vorgänge im mikro- und mesoterritorialen Bereich, d. h. im Orts- bzw. Landesmaßstab, sondern auch im kontinentalen bzw. globalen Rahmen von Bedeutung.

Eine Beschäftigung der Meteorologen mit der Bedarfslage für meteorologische Informationen in den verschiedensten technischen Bereichen der Produktion, des Verkehrs und der Zirkulation sowie die Entwicklung geeigneter Kommunikationsformen sind wesentliche Voraussetzungen für die planmäßige Erhöhung des Nutzungsgrades meteorologischer Informationen innerhalb der technischen Anwendungsbereiche.

Durch eine diesen Tatsachen Rechnung tragende Öffentlichkeitsarbeit muß auch erreicht werden, daß sich Ingenieure und Ökologen sowie alle anderen Vertreter von Fachdisziplinen, die für eine Zusammenarbeit auf dem Grenzgebiet zwischen Technik und Meteorologie in Betracht kommen, mit der Spezifik der meteorologischen Einflußgrößen befassen.

Durch eingehende Bedarfsanalysen muß seitens der Meteorologie außerdem gesichert werden, daß eine ausreichende Übereinstimmung erzielt wird zwischen der Bereitschaft und der Voraussetzung der technischen Bereiche, meteorologische Informationen einzusetzen und der Leistungsfähigkeit der Meteorologie, gut anwendbare Informationen bereitzustellen.

Für den Umweltschutz, bei dem es um eine Einschränkung der Rückwirkungen der Technik auf die Atmosphäre geht, sind im Rahmen der Investitionsgesetzgebung wirksame rechtliche Regelungen für die Entwicklung der Zusammenarbeit zwischen Technik, Meteorologie und den Überwachungsinstitutionen geschaffen, die es jedoch in der Praxis noch auszugestalten und, bedingt durch die schnell fortschreitende technische Entwicklung, zu aktualisieren gilt.

Bei der Zusammenarbeit zwischen Technik und Meteorologie haben folgende allgemeine Gesichtspunkte für die behandelte Problematik große Bedeutung. So ist einerseits die Beachtung der Komplexität des Klimas für das Erkennen vieler Probleme unerläßlich, andererseits erfordert aber die praktische Lösung vieler Fragestellungen die Entkopplung des Gesamtwirkungskomplexes Klima. Der Entscheidung, welches Klimaelement am wirksamsten einwirkt und damit am bedeutungsvollsten ist, kommt dabei größte Bedeutung zu.

Die technische Bedeutung einer meteorologischen Einwirkung leitet sich primär aus der Empfindlichkeit des zur Beurteilung stehenden technischen Objektes/Prozesses gegenüber meteorologischen Einflüssen ab. Die quantitative Beschreibung des Zusammenhanges zwischen Einwirkung und Auswirkung gibt Aufschluß über die Relationen zwischen meßbaren, technologisch bedeutungsvollen Veränderungen des Objektes/Prozesses und der diese Veränderungen bedingenden meteorologischen Einflüsse. Die erforderlichen Einwirkzeiten und die meteorologische Empfindlichkeit der technischen Objekte sowie die Toleranzen, die bei der Beschreibung der meteorologischen Einflußgrößen typisch sind, sind weitere zu beachtende Parameter.

Es ist einleuchtend, daß die Kenngrößen der klassischen Klimatologie wie z. B. Mittelwerte oder Summenwerte nur in den seltensten Fällen geeignet sind zur Beschreibung der technisch relevanten Einwirkungen. Auch sind die meteorologischen Empfindlichkeiten der technischen Objekte bzw. Prozesse gegenwärtig nur in seltenen Fällen bekannt. Durch experimentelle Untersuchung sind für eine wirkungsvolle Anwendung der Auswertungen meteorologischer Daten in der Technik vielfach erst noch die Voraussetzungen zu schaffen.

Die Aufarbeitung des meteorologischen Primärmaterials, z. B. in Form von Häufigkeitsverteilungen von Ereignissen bzw. der Andauer der Ereignisse sowie die Systematisierung und Standardisierung der meteorologischen Auswertungen, beispielsweise in Katalogform, sind Aufgaben, von deren richtiger Lösung die Erhöhung des Nutzens, den die Meteorologie der Volkswirtschaft bringen kann, wesentlich abhängt.

Anschrift: Dr. J. Kolbig, Meteorologischer Dienst der DDR,
Hauptamt für Klimatologie, 15 Potsdam, Michendorfer Chaussee 23

551.510.42
551.501.71
551.508.95

Meßmethoden zur Bestimmung gasförmiger Luftverunreinigungen

Von G. Herrmann*

Mit 17 Abbildungen

Zusammenfassung: Verläßliches Datenmaterial über Art, Menge und Verbreitung von Luftverunreinigungen ist Voraussetzung für wirksame und rationelle Maßnahmen zur Reinhaltung der Luft. Der Spurenstoffmeßtechnik fällt daher im Rahmen der sozialistischen Landeskultur eine wichtige diagnostische und prognostische Aufgabe zu. Nach Fragen der Meßplanung und Probenahme werden Prinziplösungen aus der Anwendung chemischer und physikochemischer Analysemethoden auf die Luftanalytik sowie praktisch angewandte und bewährte Meßgeräte behandelt. Abschließend wird auf einige neuere Methoden und Entwicklungstendenzen hingewiesen (Chemilumineszenz, Halbleiterdetektoren, Analysatoren 2. und 3. Generation).

Summary: The availability of reliable data on type, amount and distribution of air pollution is an important basis for an effective and economic air pollution control. The measurements of contaminants are within the scope of socialist country planning of particular importance to diagnoses and prognoses. The discussion covers problems of measuring projects and sampling and includes: guide line solutions, used in chemical and physico-chemical analysis methods, for atmospheric analyses, and reliable and operational measuring instruments. The paper concludes with an indication to new methods and development tendencies (chemical luminescence, semiconductor detectors, 2nd and 3rd generation analysers)

1. Aufgabe und Ziel

Notwendige und sinnvolle Maßnahmen zur Reinhaltung der Luft sind objektiv nur auf der Basis gesicherten Zahlenmaterials über Art, Menge und Verteilung von Schadstoffen ableitbar. Der Spurenstoffmeßtechnik und Luftanalyse fallen hierbei bedeutende und vielfältige Aufgaben zu. Neben der Bestimmung von Raum-Zeit-Strukturen der Immission und der Überwachung spezieller Quellen dienen Luftanalysen zur Überprüfung der Wirksamkeit technischer Maßnahmen und der Gültigkeit theoretischer Ansätze für die Schadstoffausbreitung; sie sind unentbehrlich bei der Erforschung atmosphärischer Reaktionen und von Luftverunreinigungsschadwirkungen, z. B. auf den Gebieten der Hygiene, der forst- und landwirtschaftlichen Rauchschadenforschung und der atmosphärischen Korrosion von Metallen und Bausubstanz.

Diese mannigfachen Zielstellungen und die Vielzahl luftfremder Stoffe (z. B. SO_2, H_2SO_4, NO_x, HF, H_2S, Aldehyde, Kohlenwasserstoffe) wie auch natürlicher Spurengase (z. B. O_3, NH_3, CO, NO_2) bedingen eine sehr große methodische Vielfalt. Luftanalyse ist Spurenanalyse in extremen Verdünnungen von $1:10^6$ bis $1:10^9$ (ppm- und ppb-Bereich) bei hohen Anforderungen hinsichtlich Empfindlichkeit, Selektivität, Probenahmetechnik, Meßökonomie und Automatisierungsgrad, Fortschritte wurden hier besonders durch interdisziplinäre Zusammenarbeit markiert. Im folgenden werden einige Möglichkeiten und Probleme bei der Messung gasförmiger Luftverunreinigungen skizziert, ohne daß in der Kürze auf technische Details und Parameter eingegangen werden kann.

2. Probenahme und Meßplanung

Entscheidender erster Schritt ist die sachgemäße Luftprobenahme; sie begegnet uns in Form der Meßplanung (repräsentative Probenahme) und als apparativ-technisches Problem (Messung des Luftvolumens und verlustloses Sammeln der Mikrokomponente). Die Luftverunreinigung über einem gegebenen Gebiet ist dann vollständig beschrieben, wenn die Konzentrationen der Spurenstoffe an jedem Punkt und zu jeder Zeit bekannt sind. Es ist Aufgabe der Statistik herauszufinden, wie eine personell und apparativ begrenzte Meßkapazität örtlich und zeitlich anzusetzen ist, um für ein bestimmtes Meßziel die für die Beschreibung des Konzentrations-Fläche-Zeit-Kontinuums hinreichende Informationsmenge zu gewinnen, um also im Interesse der Meßökonomie auch überflüssige Informationen durch übertriebene Genauigkeit und Meßstellendichte zu vermeiden.

Die Verschmutzung der Atmosphäre ist starken örtlichen und – bedingt durch die meteorologischen Ausbreitungsbedingungen zu verschiedenen Tages- und Jahreszeiten – zeitlichen Schwankungen unterworfen. Für Grundlagenuntersuchungen, Warndienste und Untersuchungen von auf kurzzeitigen Konzentrationsspitzen beruhenden Schadstoffwirkungen sind daher kontinuierliche Messungen vorteilhaft (Abb. 1). Sie lassen sich zum Teil ersetzen durch manuell oder automatisch vorgenommene Kurzzeitmessungen, wobei man durch Wahl der Probenahmedauer Δt_p (gebräuchlich 10 . . . 120 min) und der Probenahmefrequenz dem wirklichen Konzentrationsverlauf sehr nahe kommen kann. Diese Näherung ist auch um so besser, je weniger die Konzen-

* Vortrag gehalten auf der Tagung „Die Atmosphäre als Umweltfaktor“ Potsdam, 18.–20. 11. 1974

tration Schwankungen unterworfen ist. Im Abtasttheorem liefert die Informationstheorie Vorschriften, wie eine mathematisch definierte Kurve durch ausgewählte Punkte optimal beschrieben werden kann. Für Immissionsmessungen muß jedoch noch empirisch-statistisch mit konkreten Geltungsbereichen ermittelt werden, inwieweit sequentielle Kurzzeitmessungen für einen bestimmten Zeitraum repräsentativ sind.

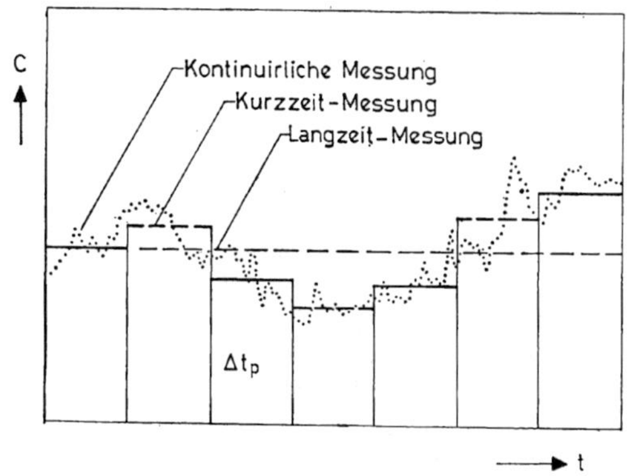

Abb. 1. Wahrer und scheinbarer Konzentrationsverlauf als Funktion der Probenahmezeit

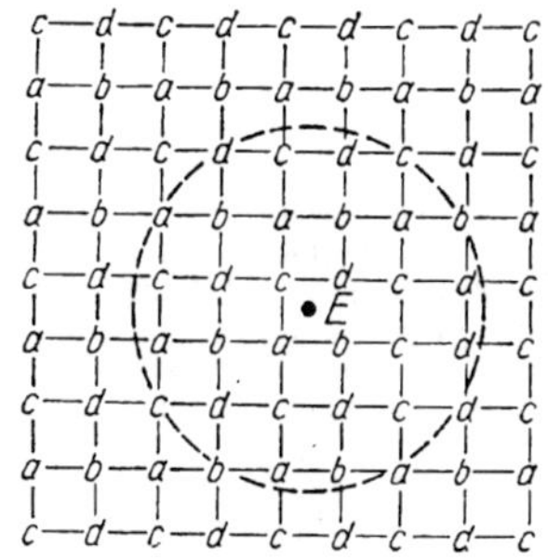

Abb. 2. Meßpunktraster in der Umgebung eines Emittenten *E* für ambulante Kurzzeitmessungen

Zur Untersuchung langfristiger Trends oder wo Spurenstoffe durch Akkumulation zu Langzeitwirkungen führen (Korrosion, Hygiene) sind Langzeitmessungen (Probenahmedauer Tage und Wochen) oft ausreichend. Dabei kann der Einsatz spezieller Langzeitmethoden, die Durchschnittswerte durch Summation auf analytischem Wege liefern, sogar zweckmäßiger sein, als Durchschnittswerte aus aufwendigen Messungen mit hohem Auflösungsvermögen nachträglich rechnerisch zu ermitteln.

Zur Bestimmung der Raumstruktur der Immission sind u. a. ambulante Kurzzeitmessungen auf der Basis temporärer Meßnetze in Anwendung (Abb. 2). Hierbei werden die Meßnetzgitterpunkte des fraglichen Gebiets (Abstand 1 km) im Verlaufe eines Jahres durch Meßwagen in solcher Weise abgefahren, daß für jeden Meßpunkt 26 zufallsverteilte Kurzzeitmessungen vorliegen. Für jeden der von 4 Meßpunkten begrenzten Quadranten können dann aus jeweils 104 Einzelmessungen Immissionskenngrößen berechnet werden. Dieses Verfahren liefert selbstverständlich nur Näherungswerte, ist aber dann ein praktikables Hilfsmittel, wenn für heterogene Immissionsfelder (Werksgelände und Umgebung) hohe räumliche Auflösung verlangt wird und der Einsatz von kontinuierlichen Meßgeräten in hinreichender Zahl nicht möglich ist oder wenn solche Geräte für bestimmte Spurengase nicht existieren. Je homogener ein Immissionsfeld ist, um so besser spiegeln natürlich kontinuierliche Messungen an ausgewählten Punkten die Belastung der Gesamtfläche wider.

3. Ausgewählte Analysenverfahren zur Bestimmung gasförmiger Luftverunreinigungen

Probenahme und Meßplanung bestimmen weitgehend Analysenmethoden und Geräte. Für Kurzzeitmessungen (Abb. 3) sind meist Anordnungen in Gebrauch, die aus Probenahmesonde mit gegebenenfalls Selektivfilter, Impinger- oder Frittenwaschflaschen, Volumen- oder Mengendurchflußmesser und Luftpumpe bestehen. Die in einer Absorptionsflüssigkeit angereicherte Spurenkomponente wird meist kolorimetrisch bestimmt, z. B. SO_2 nach der Pararosanilinmethode, NO_2 durch Kupplungsreaktionen, H_2S als Methylenblau. Kolorimetrische Verfahren haben besonders durch Verwendung neuer selektiver organischer Reagentien an Bedeutung gewonnen. Für ambulante Messungen im Gelände sind personengebundene Probenehmer (personal sampler) und Meßkoffer

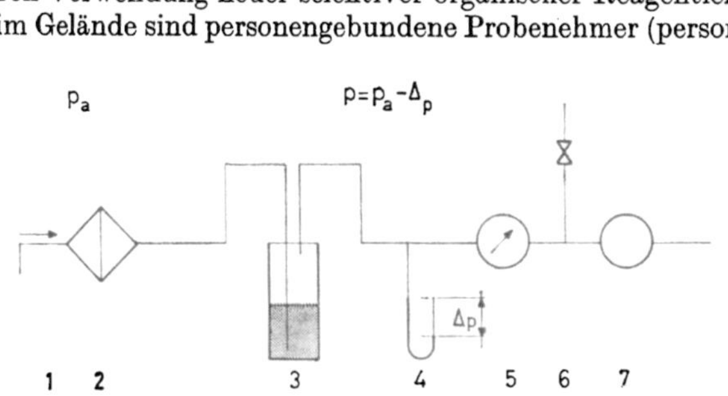

Abb. 3. Prinzipschaltung für Luftprobenahmen durch Anreicherung. 1 Ansaugleitung, 2 Selektivfilter, 3 Waschflasche, 4 Manometer, 5 Gasuhr, 6 Regulierventil, 7 Pumpe

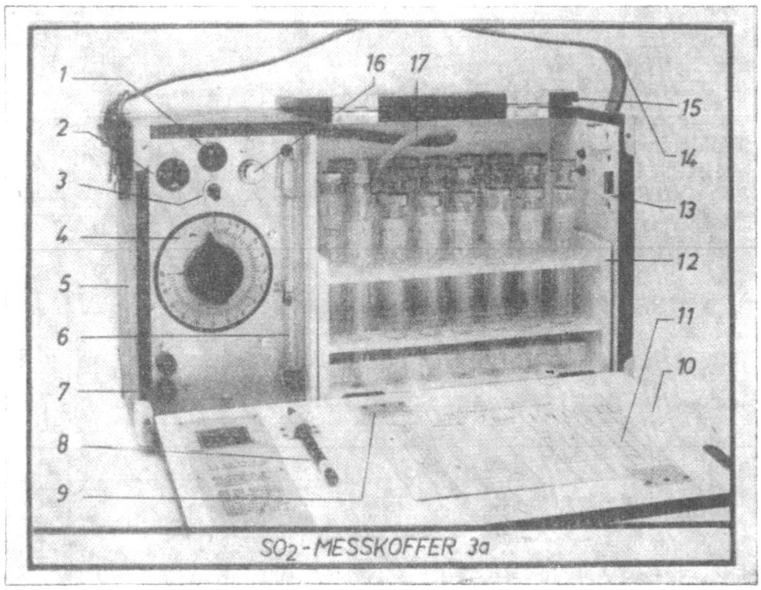

Abb. 4. Tragbares Probenahmegerät für Kurzzeitmessungen [8]. 4 Kurzzeit-Schaltuhr, 6 Durchflußmesser, 7 Ladeklemmen, 12 Gestell mit Mikrowaschflaschen

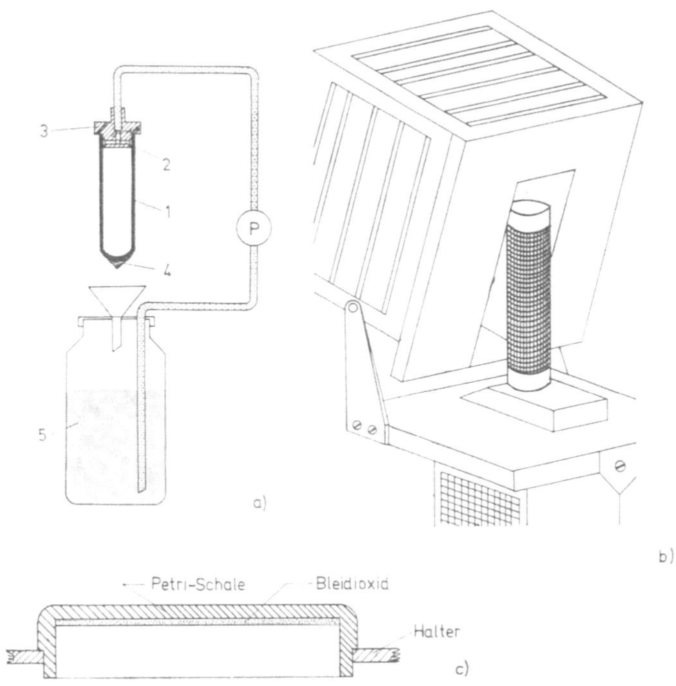

Abb. 5. Langzeitmethoden zur Bestimmung von Immissionsraten. a automatisches Immissionsraten-Meßgerät [15], b Bleidioxid-Kerze [12, 3], c Bleidioxid-Platte [11]

(Abb. 4) in Gebrauch. Durch Programmzeitgeber und Probenwechsler lassen sich Kurzzeitmessungen auch automatisieren (sequential sampler).

Bei Langzeitmessungen kann man sich außer analogen volumenbezogenen Verfahren auch der Exposition aktiver Oberflächen bedienen und hat dabei den Vorteil, daß nicht die Konzentration sondern die Immissionsrate, d. h. die pro Zeit- und Flächeneinheit antransportierte Schadstoffmenge, gemessen wird. Diese Größe läßt sich z. B. mit der Korrosionsrate besser korrelieren als die Konzentration. Die Immissionsrate stellt das Produkt aus Konzentration und Windgeschwindigkeit dar. Man verwendet z. B. mit Absorptionslösung getränkte Zelluloseplatten oder -hülsen, die auch automatisch befeuchtet werden können, sowie speziell für SO_2 mit Bleidioxid beschichtete Porzellanzylinder (Bleidioxid-Kerzen) oder Bleidioxid-Platten, die in großer Zahl exponiert und bequem verschickt werden können (Abb. 5).

Die gebildeten Reaktionsprodukte werden im Labor bestimmt. Neuerdings sind Langzeitmethoden bekannt geworden, wo die Spurenkomponente nur durch Diffusion (Abb. 6) über eine geeignete Diffusionsstrecke oder durch Permeation bei Verwendung einer durchlässigen Membran, vorzugsweise Silikonkautschuk, in die Absorptionsfähigkeit gelangt (Abb. 6). Auch die Verwendung von Silikonschläuchen ist möglich, wobei von Vorteil ist, daß für Kurzzeitmessungen im Labor bereits eingerichtete Analysenverfahren eingesetzt werden können [9].

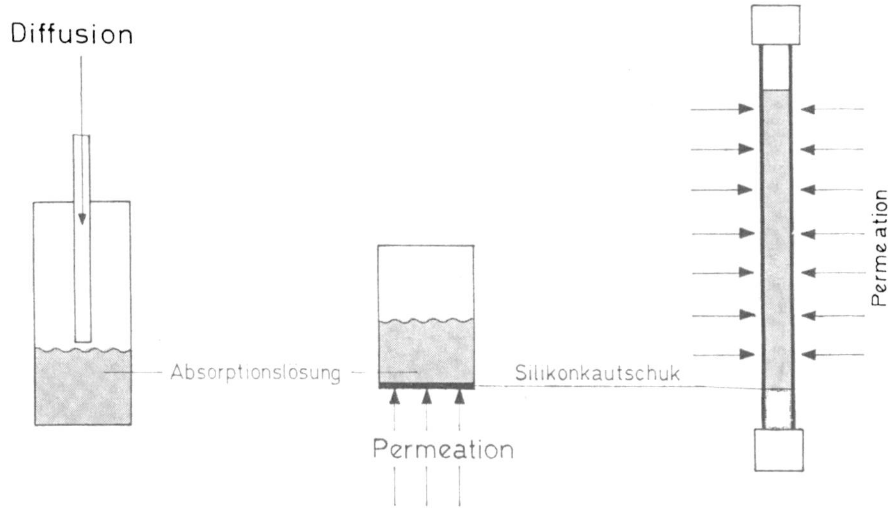

Abb. 6. Langzeitmethoden zur Bestimmung von Konzentrationen. a Personal Sampler auf Diffusionsbasis [19], b Probenahme mittels Permeation durch eine Membran [20], c Probenahme mittels Permeation durch Schläuche [9]

Für die kontinuierliche Messung gasförmiger Luftverunreinigungen sind unter Anwendung verschiedenster chemischer und physikochemischer Prinzipien eine ganze Skala Spurenanalysatoren bekannt geworden. Neben hoher Empfindlichkeit und Selektivität wird vor allem gefordert, daß die Geräte transport- und temperaturunempfindlich, betriebssicher und wartungsarm sind, auch von technischem Personal betreut werden können und über Möglichkeiten zur Kontrolle der Null- und Endpunktskonstanz verfügen. Die Zeitkonstanten, d. h. die Größen, die die Anzeigeverzögerung und die Übergangsfunktion von einem Meßwert zum anderen beschreiben, sollen möglichst klein sein, die Meßwerte sollen registriert bzw. integriert und ausgedruckt oder in ein Datenverarbeitungssystem übertragen werden können. Moderne Gasanalysatoren sind daher durch einen beträchtlichen elektronischen Aufwand gekennzeichnet. Zudem soll sich der Anschaffungspreis in vertretbaren Grenzen halten. Im folgenden wird auf einige Prinziplösungen eingegangen.

Analysatoren auf der Basis der elektrolytischen Leitfähigkeit stellen den wohl verbreitetsten und auch ältesten Typ dar, seit bereits 1929 *Thomas* [24] in dem nach ihm benannten Autometer schon wesentliche Merkmale späterer Geräte vereinigt hatte. Bestimmbar sind alle Gase, die die Leitfähigkeit einer Lösung verändern (z. B. HCl, NH_3) oder durch Oxidationsmittel wie Wasserstoffperoxid in leitfähigkeitsbestimmende Ionen, vorzugsweise $H^{\pm}$Ionen, umgewandelt werden können (z. B. SO_2, H_2S). Luft und Lösungsmittel werden dabei in einer Reaktionsstrecke (Bild 7) im Gegenstrom umgesetzt und die Leitfähigkeits- bzw. Widerstandsänderung über eine *Wheatstone*sche Brückenschaltung als Maß für die Spurengaskonzentration bestimmt. Geräte dieser Art sind relativ einfach in Aufbau und Wirkungsweise, hinreichend empfindlich aber ungenügend selektiv.

Coulometrisch-amperometrische Analysatoren zeichnen sich dadurch aus, daß Luft durch einen Elektrolyten geleitet wird, in dem eine mit dem Spurenstoff reagierende Komponente durch Elektrolyse erst erzeugt wird. In Umkehrung der von *Faraday* benutzten Methode zur Strommessung mit chemischen Coulometern erhält man aus dem Strom, der zur Erzeugung des Reaktanten nötig ist, die Spurenstoffmenge. Der bestechende Vorteil ist, daß keine Reagentien auf Vorrat gehalten, nachgefüllt oder kontrolliert werden müssen und die Geräte von dieser Seite her wartungsarm sind. Selektivität ist aber auch hier nur durch geeignete Vorfilter zu erreichen. Abb. 8 stellt eine Prinzipskizze des Mikolyt 1 zur Messung von SO_2 dar. Der Luftstrom ist durchflußgeregelt, ein Generatorelektrodenpaar erzeugt den Reaktanten, in diesem Fall Brom, ein Indikatorelektrodenpaar hält den Bromspiegel mittels einer elektronischen Regelung konstant. Das Gerät ist mit Schreibern für kontinuierliche und integrierte Registrierung in 15-min-Intervallen ausgerüstet.

Verwandte Geräte sind die GKP-Analysatoren nach *Alperin* [1] und die Coulographen nach *Novak* [16]. Bei letzteren tropft eine hochverdünnte Jodlösung in den Anodenraum der U-förmigen Meßzelle (Abb. 9) und kommt

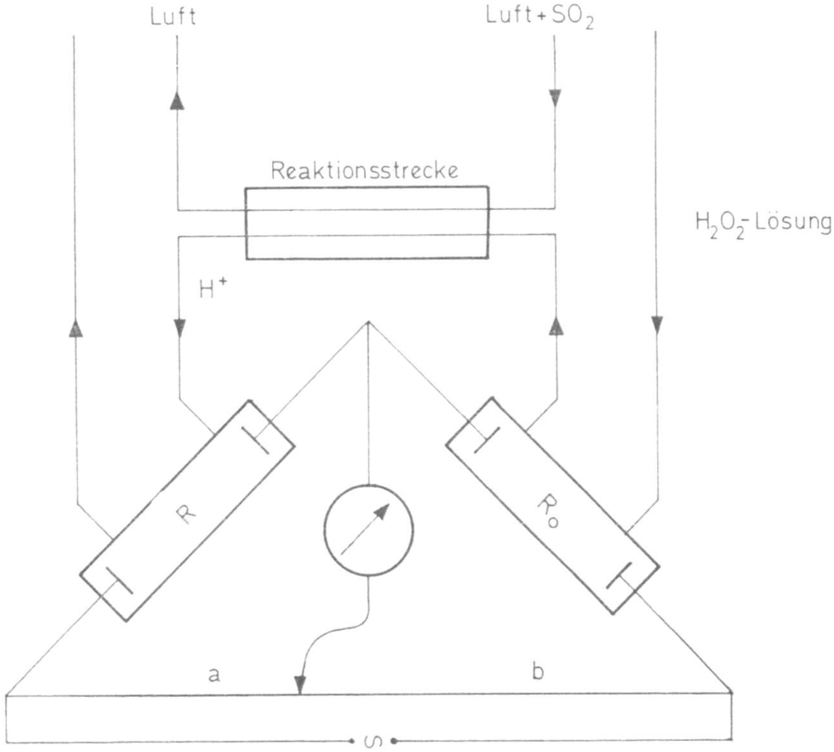

Abb. 7. Schema zur kontinuierlichen SO_2-Bestimmung durch Leitfähigkeitsmessung (Konduktometrie)

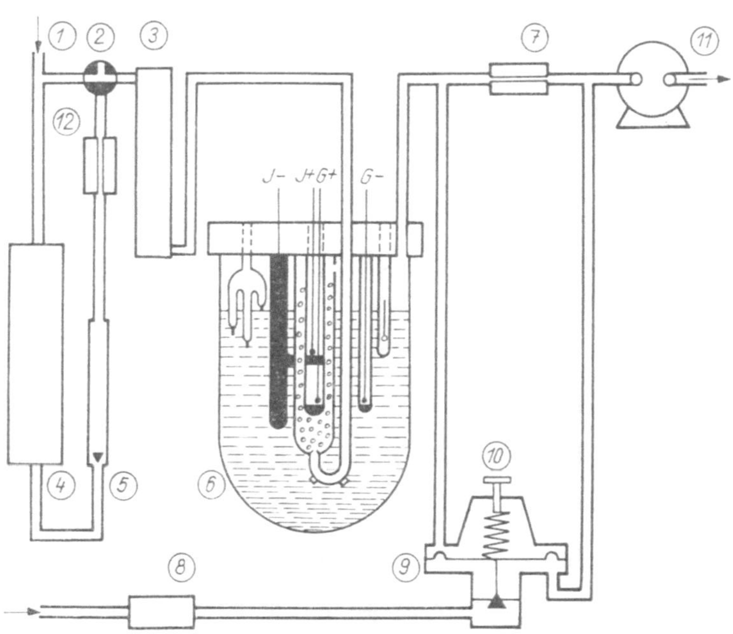

Abb. 8. SO_2-Immissionsmeßgerät Mikolyt 1, VEB Junkalor Dessau [25]

mit dem Luftstrom in Kontakt. Wird an die in die Schenkel der Meßzelle eintauchenden Platinelektroden eine Spannung gelegt, so kann ein Strom nur dann fließen, wenn die Luft Jod reduzierende Spurenstoffe enthält und damit eine Elektrolyse nach den in der Abbildung gezeigten Teilreaktionen stattfinden kann. Die Höhe des Elektrolysestromes ist dann ein Maß für die Spurenstoffkonzentration.

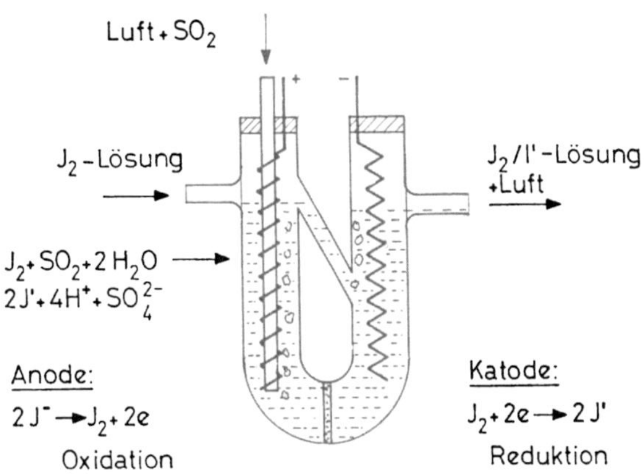

Abb. 9. Meßzelle (schematisch) eines polarographisch-coulometrischen Analysators nach *Novak* [16]

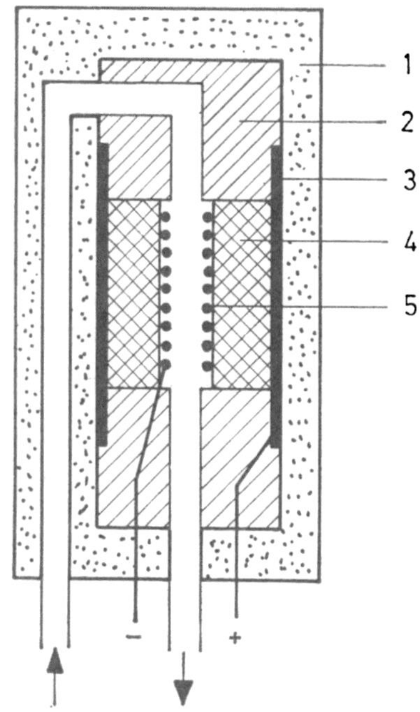

Abb. 10. Schema einer Feststoffzelle mit organischem Elektrolyten zur H_2S-Spurenmessung nach *Breuer* [5, 6] 1 Siloprenmantel, 2 Polyäthylen, 3 Anode, 4 Elektrolyt, 5 Kathode

Ein weiteres elektrochemisches Analysenprinzip, die Potentiometrie, hat in jüngster Zeit verbreitete Anwendung und Entwicklung erfahren. Bei dieser Methode wird in einem von zwei galvanischen Halbelementen durch das Spurengas die Konzentration potentialbestimmender Ionen, z. B. Ag^+-Ionen bei H_2S-Einwirkung, verändert. Die Potentialdifferenz einer solchen Konzentrationskette ergibt über die *Nernst*sche Gleichung die Spurengaskonzentration. Die hohe Meßempfindlichkeit von einigen ppb und das breite Anwendungsspektrum für verschiedene Gase wie H_2S, NO_2, NO, HCN, Phosgen, haben dazu geführt, den Chemikalienvorrat in die Meßzelle selbst zu verlegen. Das Ergebnis sind Feststoffzellen [5, 6, 10] mit organischen Elektrolyten, wodurch auch Verdünnungseffekte durch Wasserdampfabsorption vermieden werden (Abb. 10). Der Feststoffelektrolyt, der die Elektroden trennt, dient gleichzeitig als Diaphragma. Der Vorteil dieser Zellen ist, daß sie von Lösungsnachschub unabhängig sind, erschütterungs- und lageunabhängig arbeiten und raumsparend auf Steckkarten montiert werden können.

Neben elektrochemischen Verfahren bietet sich an, die Vielzahl spezieller Farbreagentien für kontinuierliche photometrische Bestimmungen zu nutzen. Auch hierbei werden Luft- und Absorptionsmittelstrom in einer Reaktionswendel in Kontakt gebracht, über Dosierpumpen mit Reagentien versetzt und die Extinktionszunahme gegenüber der unbelüfteten Lösung bestimmt. Man kann auch, wie beim Imcometer [13], diskontinuierlich die Absorptionsflüssigkeit periodisch belüften oder die Belüftung bis zum Erreichen einer Festextinktion ausdehnen. Die Belüftungszeit ist dann umgekehrt proportional der Schadstoffkonzentration. Nachteilig ist der dosimetrische Aufwand und die Verschmutzung der Leitungswege durch gefärbte Reaktionsprodukte. Von Vorteil ist die Einsatzmöglichkeit für verschiedene Komponenten, z. B. NO_2, HF, O_3, durch Austausch der Reaktionslösungen.

Von weiteren in der internationalen Praxis angewandten Prinzipien seien neben den gaschromatographischen Verfahren [4] noch genannt die Ionisationskammer- oder Kondensationskern-Verfahren und die UR-Spektroskopie. Das Ionisationskammer-Verfahren (Abb. 11) arbeitet vorteilhafterweise ohne flüssige Reagentien. Die gasförmige Komponente wird in einem Kontaktofen in ein Aerosol übergeführt, das bei Einleiten in eine mit einer α-Strahlenquelle versehenen Ionisationskammer den in reiner Luft konstanten Ionenstrom erniedrigt. Das Prinzip wird zur Bestimmung von chlorierten Kohlenwasserstoffen und Raketentreibstoffen und deren Verbrennungsprodukten verwendet. Voraussetzung ist die nicht einfache Beherrschung des Reaktionsablaufes bei der Aerosolbildung sowie die quantitative Entfernung bereits vorhandener Aerosole ohne Beeinträchtigung der Gasspurenkonzentration.

Zur Bestimmung von vorwiegend Kohlenwasserstoffen und Kohlenoxiden, die stoffspezifisch relativ scharf begrenzte Wellenlängenbereiche absorbieren, verwendet man ultrarotspektroskopische Methoden (Abb. 12). Kennzeichnend ist die Verwendung eines unspezifischen UR-Strahlers und eines substanzspezifischen

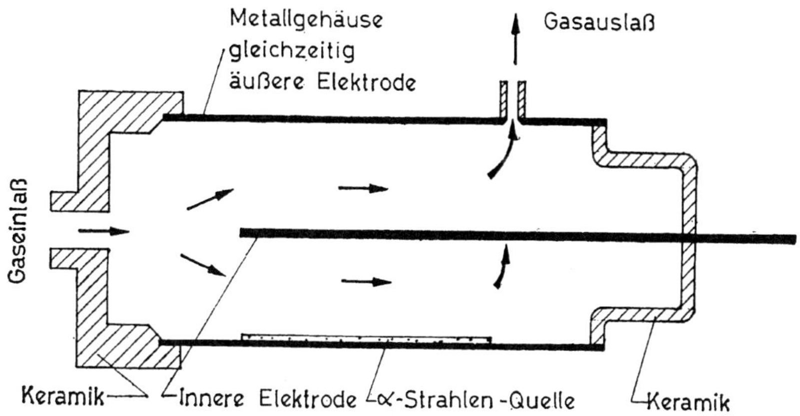

Abb. 11. Schematische Darstellung einer Ionisationskammer

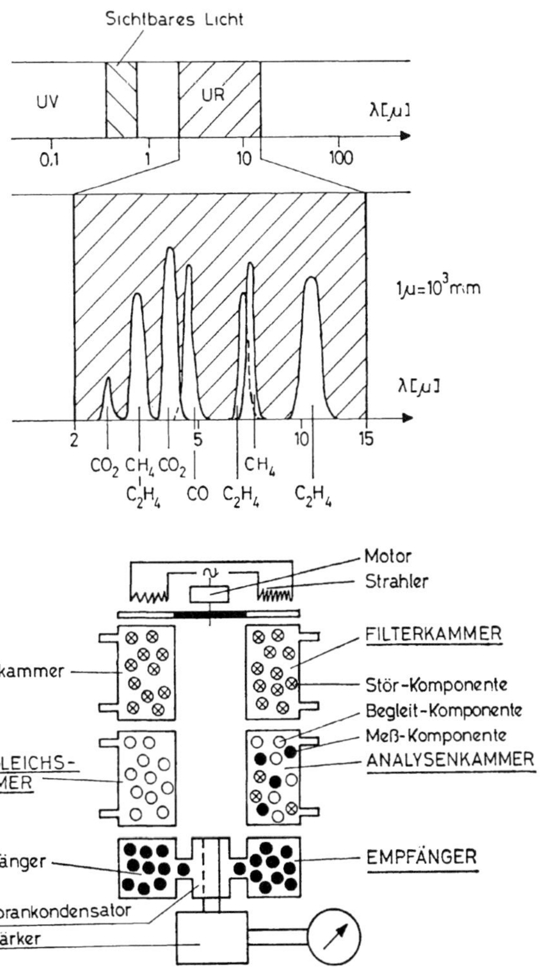

Abb. 12. Ultrarot-Analysator und Absorptionsbanden von Kohlenwasserstoffen und -oxiden (*Leithe* [13])

Empfängers, nämlich eine mit dem betreffenden Gas gefüllte Kammer, wobei eine weitgehend selektive Erfassung der Meßkomponente möglich wird. Wie aus der Abbildung ersichtlich, erhält der Empfänger bei Anwesenheit der Meßkomponente in der Analysenkammer weniger Strahlungsenergie als in der Vergleichskammer, so daß es zur Durchbiegung der als Kondensator dienenden Metallmembranwand des Empfängers und damit zu einer Signalgabe kommt. Überlappen sich Absorptionsbanden, so kann man Störungen ausschalten, indem man mit der Störkomponente gefüllte Filterkammern in den Analysen- und Vergleichsstrahlengang einbringt. Durch Verlängern des Strahlengangs oder Komprimieren der Luft läßt sich die Empfindlichkeit steigern. Der besondere Vorteil des Verfahrens ist, daß durch Auswechseln der Empfänger- und Filterkammern auf andere Meßaufgaben umgerüstet werden kann.

4. Neuere Methoden und Entwicklungstendenzen zur automatischen Bestimmung gasförmiger Luftverunreinigungen

Abschließend soll auf einige Entwicklungstendenzen der automatischen Spurengasanalyse eingegangen werden [14, 18, 21–23]. Die beschriebenen photometrischen und meisten elektrochemischen Verfahren kann man als eine 1. Generation Analysatoren bezeichnen (Abb. 13); Das Spurengas A wird in einer Flüssigkeit gelöst und reagiert mit dem Reagens B zum Stoff C, dessen Eigenschaften, z. B. Lichtabsorption, gemessen werden. Analysatoren der 2. Generation umgehen die flüssige Phase. Der Spurenstoff A reagiert hier mit einem Gas B zu einem angeregten Molekül C*, das unter Chemilumineszenz in den Normalzustand übergeht. Chemilumineszenz-Verfahren dienen zur Bestimmung von Ozon (Abb. 14) durch Reaktion mit Äthylen oder Rhodamin B und zur Bestimmung von NO durch Reaktion mit atomaren Sauerstoff oder Ozon. Zur Bestimmung von NO_2 muß dieses über einen Konverter erst zu NO reduziert werden.

In dieser Kategorie gehört auch die Bestimmung von Schwefelverbindungen durch Verbrennen in einer Wasserstoffflamme: Es bilden sich angeregte Schwefelmoleküle, deren Lumineszenz außerhalb der Flamme gemessen wird (Abb. 14). In Verbindung mit gaschromatographischen Trennverfahren können so Schwefelverbindungen einschließlich Mercaptane getrennt bestimmt werden. Direkt in der Gasphase ohne Zwischenreaktion ist auch eine fluoreszenzspektrometrische SO_2-Bestimmung möglich (Abb. 15), wenn die Moleküle durch UV-Strahlung einer Zn- oder Cd-Lampe über ein Chlorgasfilter angeregt werden. Chemilumineszenzverfahren sind hoch-

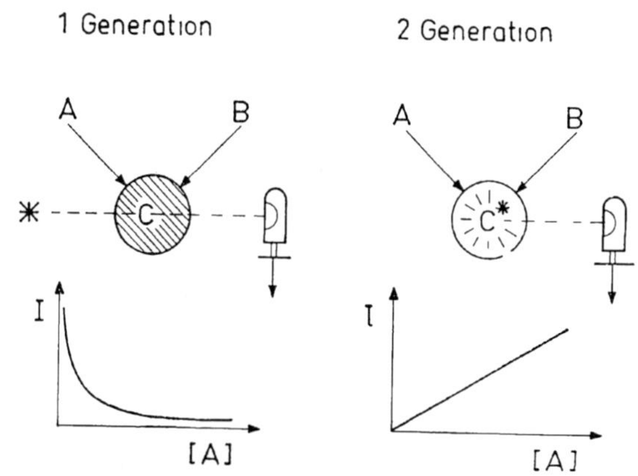

Abb. 13. Vergleich der Wirkprinzipien von Analysatoren der 1. und 2. Generation [18]

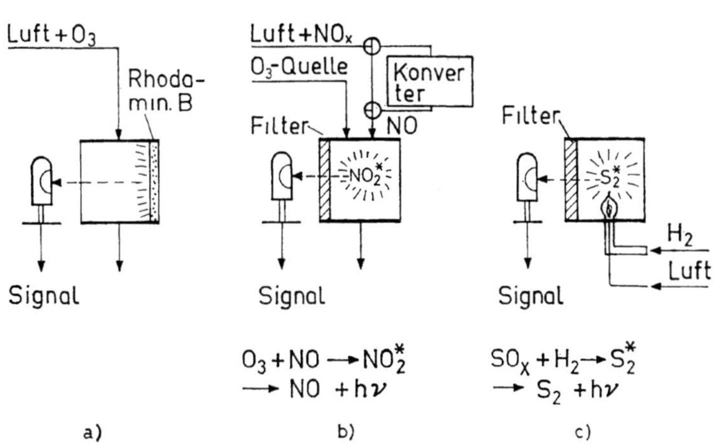

Abb. 14. Chemilumineszenz-Methoden
a Ozon-Bestimmung durch Feststoffreaktion, b NO_x-Bestimmung durch Gasphasen-Reaktion, c Schwefel-Bestimmung nach Anregung in der Wasserstoffflamme

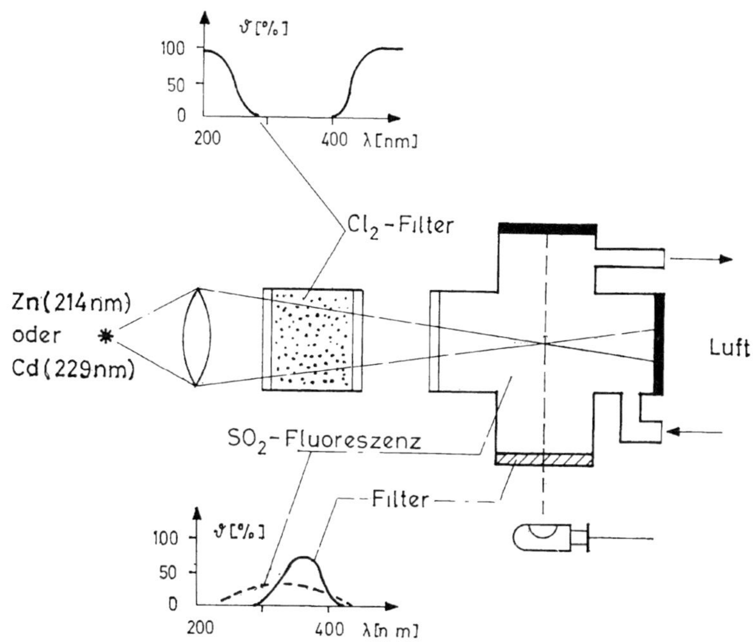

Abb. 15. SO_2-Bestimmung durch UV-Fluoreszenz-Spektrometrie [17]

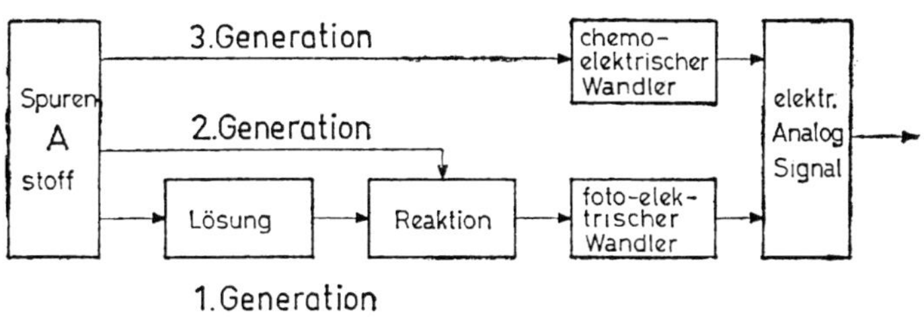

Abb. 16. Vergleich von 3 Generationen Gasspurenanalysatoren

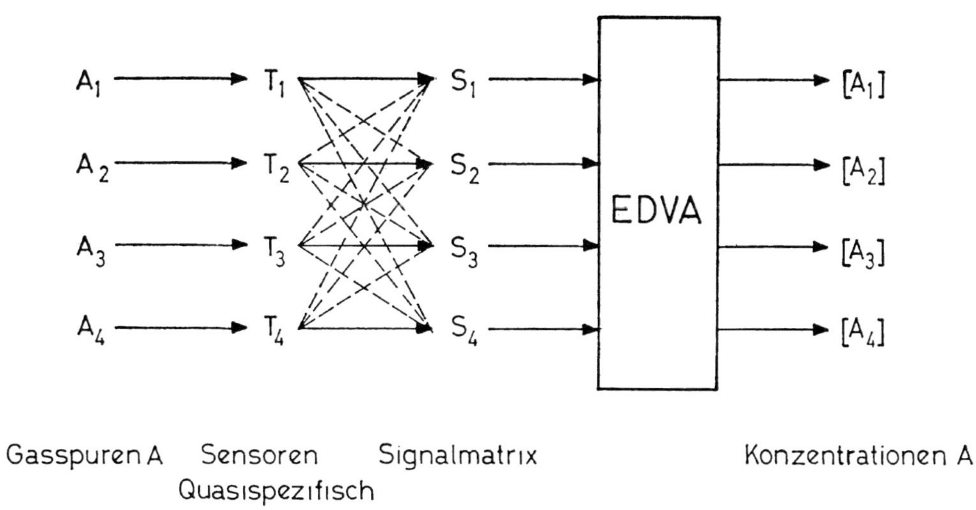

Abb, 17. Computerverarbeitung von Signalen quasispezifischer Sensoren [18, 14]

selektiv und -empfindlich (ppb-Bereich). Ihre Bedeutung erhellt allein daraus, daß für Ozon-, Schwefel- und NO_x-Bestimmungen auf dem internationalen Gerätemarkt bereits über 20 Analysatoren nachweisbar sind, die auf diesem Prinzip beruhen [10, 21].

Eine 3. Generation Analysatoren (Abb. 16) soll künftig ohne Zwischenschritte die direkte Umsetzung einer chemischen Eigenschaft in ein elektrisches Signal ermöglichen. Einerseits kann man piezoelektrische Phänomene dienstbar machen, indem präparierte und somit schadgassensitive Kristalle durch Absorption ihre Schwingeigenschaften gut meßbar ändern [7]; andrerseits können Halbleiter, die mit einer selektiv permeablen Membran überzogen sind, auf Luftverunreinigungen ansprechen [10, 14, 18]. Das Ideal wäre eine Reihe leicht auswechselbarer Sensoren für verschiedene Spurengase, basierend auf gleichem Wirkungsprinzip [2]. Diese Forderung mit hoher Selektivität zu koppeln scheint vorläufig und in absehbarer Zukunft unmöglich. Ein Ausweg bietet sich über quasispezifische Sensoren (Abb. 17), die hauptsächlich auf ein bestimmtes Gas ansprechen aber daneben in gewissem Maß noch auf eine Reihe anderer Komponenten. Setzt man für die Gase $A_1 \ldots A_4$ derartige Sensoren $T_1 \ldots T_4$ ein, so erhält man Signale $S_1 \ldots S_4$, die jedes für sich zwar nicht der wahren Gaskonzentration entsprechen, aber möglicherweise über einen Kleinrechner zu den gewünschten Werten führen.

Zur Geräteentwicklung sei abschließend bemerkt, daß noch so elegante Lösungen nur von akademischem Interesse sind, solange nicht am Ende einer fertigungstechnischen und anwenderorientierten Entwicklung die Bewährung in der Praxis als entscheidendes Kriterium zuerkannt werden kann. Hierbei sind Funktionssicherheit und bequeme Möglichkeiten der Funktionskontrolle oberstes Gebot. Es kann nicht Aufgabe sein, in bezug auf die ganze Breite der Geräteentwicklung mit dem Weltstand wettzulaufen. Vielmehr kommt es darauf an, bereits vorliegende, anwendungsbereite Forschungsergebnisse und gesicherte Erfahrungen rasch in verläßliche technologische Lösungen zu überführen, damit sie ihren eigentlichen Sinn erfüllen, nämlich einen umwelt- und damit gesellschaftswirksamen Beitrag im Sinne der sozialistischen Landeskultur zu leisten.

Literatur

[1] *Al'perin, V. Z., E. Ch. Zasuchin, P. N. Saifi* und *Ja. M. Černin:* Avtomatičeskii gazoanalizator dlja neprepyvnogo opredelenija sernistogo gaza v atmosfernom vozduche. Trudy GGO 234 (1968), 175–80

[2] Anonym: Plug-in sensors and membranes put finger on air pollutants. Product Engineering, December 7, 1970

[3] *Bowden, S. R.:* Improved lead dioxide method of assessing sulphurous pollution of the atmosphere. Int. J. Air Wat. Poll. *8* (1964), 101–06

[4] *Bredel, H.:* Die Anwendung der Gaschromatographie zur Bestimmung von Spurenstoffen in Luftproben. Technik und Umweltschutz, H. 11, Leipzig: VEB Deutscher Verlag f. Grundstoffindustrie. 1974

[5] *Breuer, W.:* Neue Verfahren zur kontinuierlichen Spurenanalyse. Archiv für techn. Messen. Lieferung 396, Jan. 1969, 7–12

[6] *Breuer, W.:* Stand und Entwicklung der Gasspurenmessung. Chemie-Ing.-Techn. *44* (1972), 653–5

[7] *Guilbault, G. G.* and *A. Lopez-Roman:* Use of sodium tetrachloromercurate as a substrate for the determination of SO_2 on the piezocrystal detector. Environm. Letters *2* (1971), 35–45

[8] *Herrmann, G.:* Ein netzunabhängiges Probenahmegerät zur Bestimmung von SO_2-Immissionen (SO_2-Meßkoffer 3 a). Technik und Umweltschutz Bd. 1, Grundfragen und technische Maßnahmen zur Reinhaltung der Biosphäre. Leipzig: VEB Deutscher Verlag für Grundstoffind. 1972

[9] *Herrmann, G.:* Vorrichtung zur Bestimmung gasförmiger Spurenstoffe in hohen Verdünnungen, insbesondere von Luftverunreinigungen. WP G 01 n/182 124. Anmeldetag 4. 11. 1974

[10] *Hollowell, C. D., G. Y. Gee* and *R. D. McLaughlin:* Current instrumentation for continuous monitoring for SO_2. Analytic. Chem. *45* (1973), 63A–72A

[11] *Huey, N. A.:* The lead dioxide estimation of sulfur dioxide pollution. J. Air Pollut. Contr. Assoc. *18* (1968), 610–11

[12] *Lawrence, E. N.:* The measurement of atmospheric sulphur compounds using lead dioxide. Int. J. Air Wat. Poll. *8* (1964), 381–88

[13] *Leithe, W.:* Die Analyse der Luft und ihrer Verunreinigungen in der freien Atmosphäre und am Arbeitsplatz. Stuttgart: Wissenschaftliche Verlagsgesellschaft mbH 1968

[14] *Liberti, A.:* Problemi e prospektive sulla misura dell' inquinamento atmosferico. La Chimica e L'Industria *54* (1972), 793–99

[15] *Luckat, S.:* Ein Verfahren zur Bestimmung der Immissionsrate gasförmiger Komponenten. Staub-Reinh. Luft *32* (1972), 484–86

[16] *Novák, J. V. A.:* Polarographic-coulometric analyzers measurement of low concentrations of sulfur dioxide. Collect. Čechoslov. Chem. Commun. *30* (1965), 2703

[17] *Okabe, H., P. L. Splitstone* and *J. J. Ball:* Ambient and source SO_2 detector based on a fluorescence method. J. Air Pollut. Control Assoc. *23* (1973), 514–6

[18] *O'Keeffe, A. E.:* The new look in air pollution instrumentation. 16th Nat. Symposium, Analysis Instrumentation Div., Instrument Soc. Amer., May 25–27, 1970, Pittsburgh, Pa.

[19] *Palmes, E. D.* and *A. F. Gunnison:* Personal monitoring device for gaseous contaminants. Amer. Ind. Hyg. Assoc. J. 1973, 78–81

[20] *Reiszner, K. D.* and *P. W. West:* Collection and determination of sulfur dioxide incorporating permeation and West-Gaeke-procedure. Environm. Science Technol. *7* (1973), 526–32

[21] *Stevens, R. K.* and *J. A. Hodgeson:* Applications of chemiluminescent reactions to the measurement of air pollutants. Analyt. Chem. *45* (1973), 443A–449A

[22] *Stevens, R. K.* and *A. E. O'Keeffe:* Modern aspects of air pollution monitoring. Analyt. Chem. *42* (1970), 143A–149A

[23] *Stevens, R. K., A. E. O'Keeffe* and *G. C. Ortman:* Current trends in continuous air pollution monitoring systems. Instr. Soc. Transact. *9* (1970), No. 1, 1–8

[24] *Thomas, M. D.* and *J. N. Abersold:* Automatic apparatus for the determination of small concentrations of sulfur dioxide in air. Ind. Engng. Chem. Anal. Ed. *1* (1929), 14–15

[25] *Trischmann, W.:* SO_2-Immissionsmeßeinrichtung. Techn. Information GRW 11 (1973), 231–34

Anschrift: Dr. rer. nat. Günter Herrmann, Meteorologischer Dienst der DDR, Meteorologisches Observatorium Wahnsdorf 8122 Radebeul 5

551.510.42
551.501.71
551.508.91

Meßmethoden zur Bestimmung staubförmiger Luftverunreinigungen

Von M. Zier*

Mit 10 Abbildungen

Zusammenfassung: In dem Maße, wie die Verunreinigung der Luft durch staubförmige Beimengungen an Bedeutung gewonnen hat, ist die Suche nach geeigneten Meßmethoden intensiviert worden. Der gegenwärtig erreichte Stand und einige Entwicklungstendenzen auf diesem Gebiet werden beschrieben.

Ausgehend von einer Definition des Begriffes „Staub", einer Zusammenstellung der Kenngrößen, durch die er beschrieben werden kann, und einer Betrachtung des Verhaltens des Staubes in der Atmosphäre werden die Forderungen an die Probenahme präzisiert und die Methoden der Probenahme mit Faser- und Membranfiltern, Impaktoren, Elektroabscheidern, Thermalpräzipitatoren und Auffanggefäßen kurz charakterisiert. Es schließt sich eine Beschreibung von Methoden zur Messung der Massenkonzentration, der Teilchenkonzentration, der Korngrößenverteilung, der chemischen Zusammensetzung und des Staubausfalles an.

Für die Bestimmung fast aller interessierenden Staubkenngrößen gibt es Meßmethoden, die genügend empfindlich sind. Das größte Problem besteht darin, diese Methoden technisch so zu vervollkommnen, daß sie für die routinemäßige Gewinnung genügend umfangreicher, statistisch auswertbarer Stichproben geeignet sind.

Summary: Parallel to the growing contamination of the air by dust there has been an increasing search for suitable measuring methods. The present state of affairs and some major trends in the field are described.

The definition of „dust", a list of features describing it, a study of the behaviour of dust in the atmosphere is followed by requirements for sampling, and the description of sampling methods using fibre and membrane filters, impactors, electroprecipitators, thermo-precipitators and sampling vessels.

A description of methods to measure mass concentrations, particle concentration, grain size distributions, chemical composition and dust fall-out is added.

For the determination of nearly all relevent dust parameters sufficiently sensitive measuring methods are available. The chief problem is to find ways for an improvement of these methods to make them suitable for routine sampling operation for statistical processing.

1. Einleitung

Die Messung staubförmiger Luftverunreinigungen unterscheidet sich in vielerlei Hinsicht von der Messung gasförmiger Luftverunreinigungen (vgl. [1]). So kann im zweiten Falle der Zustand zu einer bestimmten Zeit an einem gegebenen Ort durch die Angabe der Teilchenzahl pro Volumeneinheit oder – was völlig gleichwertig ist – durch die Angabe der Masse pro Volumeneinheit vollständig beschrieben werden. Es ist also nur ein einziger Parameter nötig. Im Falle radioaktiver Gase wäre die entsprechende Kenngröße die Aktivität pro Volumeneinheit. Wesentlich komplizierter ist die Situation beim Staub.

Die folgende Übersicht stützt sich weitgehend auf die Standardliteratur ([2], ... [7]). Es werden jedoch die Entwicklungstendenzen berücksichtigt, die der kaum noch überschaubaren Fülle von Spezialliteratur zu entnehmen sind. Konkrete Literaturhinweise werden nur dort gegeben, wo in der Standardliteratur keine ausreichende Orientierung möglich ist.

2. Definition des Begriffes „Staub", Kenngrößen des Staubes

Für den Begriff „Staub" gibt es gegenwärtig noch keine allgemeingültige Definition. Als „Staub" sollen hier alle festen Teilchen bezeichnet werden, die in einem Gas dispergiert sind (d. h. als Schwebstoffe dort vorhanden sind) oder aus einem solchen dispersen System stammen und einen Durchmesser unter 1 mm (größenordnungsmäßig) haben. Die Teilchen bilden die disperse Phase und das Gas – im Falle des atmosphärischen Staubes die Luft – das Dispersionsmittel des dispersen Systems.

Selbstverständlich kann der angegebene maximale Teilchendurchmesser keine scharfe Grenze sein, da das Verhalten eines Teilchens in einem dispersen System nicht nur von der Teilchengröße bestimmt wird. Diese Angabe soll vielmehr darauf hinweisen, daß Teilchen dieser Größenordnung und größere Teilchen wegen ihrer hohen Sinkgeschwindigkeit normalerweise nicht Bestandteil eines solchen dispersen Systems sind.

Der Staub wird durch Kenngrößen beschrieben. Für die einzelnen Teilchen sind die Masse, der Durchmesser oder Radius, die Dichte, die Form, die Oberfläche, die chemische Zusammensetzung, der Brechungsindex, die elektrische Ladung und die Radioaktivität kennzeichnend. Die wichtigsten Systemkenngrößen der dispersen Phase sind die räumliche und zeitliche Struktur der Massenkonzentration, der Teilchenkonzentration, der

* Vortrag gehalten auf der Tagung „Die Atmosphäre als Umweltfaktor" Potsdam, 18.–20. 11. 1974

Korngrößenverteilung, der sedimentierten Menge (Masse, Teilchenzahl) pro Flächeneinheit, der Radioaktivität, der chemischen Zusammensetzung, der mittleren Dichte, der Oberfläche und des mittleren Brechungsindex des Staubes.

Die Struktur des Dispersionsmittels Luft beschreiben wir durch die Struktur der Felder der meteorologischen Elemente wie Luftdruck, Lufttemperatur, Luftfeuchte, Windgeschwindigkeit, Windrichtung u. a.

3. Verhalten des Staubes in der Atmosphäre

Das aerodisperse System Staub – Luft zeichnet sich durch starke räumliche und zeitliche Variabilität aus. Ursachen dafür sind

- die ungleichmäßige Verteilung und die unterschiedliche, meistens veränderliche Ergiebigkeit der Staubquellen,
- die komplizierte räumliche und zeitliche Struktur des Dispersionsmittels Luft,
- die Wechselwirkungs- und daraus folgenden Umwandlungsvorgänge innerhalb des dispersen Systems Staub – Luft (Koagulation, Sedimentation),
- die Wechselwirkungsprozesse zwischen dem Staub und anderen dispersen Phasen, vor allem Wassertropfen und Spurengasen, (Rainout, Washout, Kondensation, Adsorption, Absorption, chemische Reaktion),
- Einwirkungen von außen (Erdboden, Vegetation, Sonnenstrahlung).

Der atmosphärische Staub stellt ein sehr heterogenes Gemisch aus meistens unregelmäßig geformten Teilchen dar und besitzt eine Korngrößenverteilung, die sich über fast 6 Größenordnungen ($10^{-3} \ldots 10^3$ µm Durchmesser) erstreckt. Die einzelnen Staubkomponenten und Teilchengrößenbereiche haben sehr unterschiedliche Bedeutung (Abb. 1). So zahlreich wie die Staubkenngrößen und die mit dem Staub verbundenen Erscheinungen und Wirkungen sind auch die Methoden zur Messung der Kenngrößen. Bei den folgenden Betrachtungen beschränken wir uns auf diejenigen Kenngrößen und Meßmethoden, die bei der Bearbeitung von Umweltschutzproblemen im Vordergrund stehen. Weiterhin betrachten wir solche Methoden, die entsprechend dem gegenwärtigen Stand der Kenntnisse in absehbarer Zeit auf diesem Gebiet Bedeutung erlangen werden.

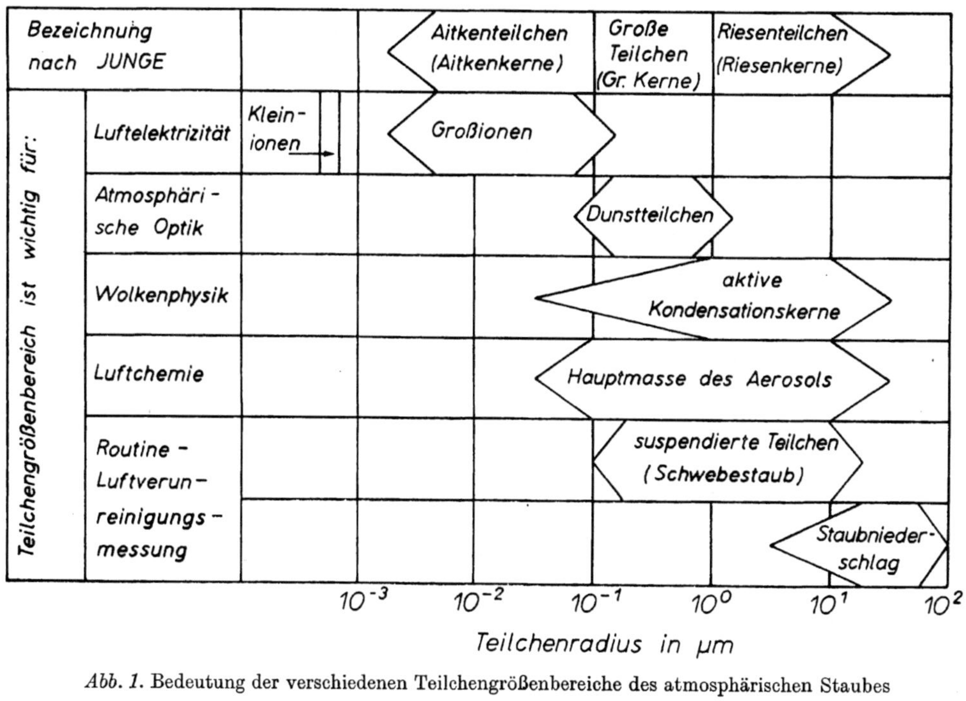

Abb. 1. Bedeutung der verschiedenen Teilchengrößenbereiche des atmosphärischen Staubes

4. Allgemeine meßmethodische Probleme

Bei der Auswahl des Meßverfahrens richtet man sich danach, welche Staubkenngröße bestimmt werden soll. Für Routine-Luftverunreinigungsmessungen, die die laufende Überwachung eines gegebenen Territoriums zum Ziel haben, kommen in erster Linie die Massenkonzentration, die abgelagerte Menge und die chemische Zusammensetzung des Staubes in Betracht, da es hierfür hygienische Standards gibt. Wichtig sind ferner die

Teilchenkonzentration und Korngrößenverteilung sowie in besonderen Fällen die Radioaktivität anthropogenen Ursprungs. Im folgenden sollen nur diese Kenngrößen betrachtet werden.

Staubmessungen werden meistens in 2 Schritten durchgeführt. Man entnimmt zunächst eine repräsentative Probe; dann wird diese Probe mit physikalischen und chemischen Methoden untersucht.

5. Probenahme

5.1. Forderungen an die Probenahme

Eine Probe ist repräsentativ, wenn sie alle gewünschten Informationen über den Originalzustand enthält, so daß mit ihrer Hilfe die interessierenden Kenngrößen mit der geforderten Genauigkeit bestimmt werden können.

Eine in jeder Hinsicht repräsentative Probe, die alle denkbaren Informationen über ein gegebenes disperses System enthält, ist praktisch nicht zu bekommen. Da der Aufwand für die Informationsgewinnung im allgemeinen mit dem Informationsinhalt wächst, strebt man in der Praxis nicht nach einem maximal möglichen, sondern nach einem optimalen Informationsgehalt. Demgemäß sind folgende Forderungen an die Probenahme zu stellen:

– Die Probe muß in einer repräsentativen Zeit an einem repräsentativen Ort genommen werden.
  Man geht von der Aufgabe der Messungen aus und legt den Meßort, die Probenahmedauer und die Probenahmehäufigkeit fest. Es ist zweckmäßig, bei der Ausarbeitung des Meßprogrammes von der statistischen Raum-Zeit-Struktur des Feldes der interessierenden Staubkenngröße auszugehen. So hat sich gezeigt, daß aufgrund stochastischer Beziehungen zwischen arithmetischen Mittelwerten und Quantilen der Häufigkeitsverteilungen der Massenkonzentration des Staubes die Belastung eines Ortes allein durch den Langzeit-Mittelwert (z. B. Jahresmittelwert) beschrieben werden kann [8]. Da Langzeit-Mittelwerte mit wesentlich geringerem Aufwand bestimmt werden können, hat das weitreichende ökonomische Konsequenzen.
  Es ist weiterhin möglich, anhand der Meßwerte einer Station etwas über die gleichzeitig in der Entfernung d von dieser Station herrschende Staubkonzentration mit einer bekannten Eintreffwahrscheinlichkeit auszusagen. Besteht nun eine Forderung hinsichtlich der minimalen Eintreffwahrscheinlichkeit, dann kann die notwendige Stationsentfernung festgelegt werden.
– Die interessierenden Teilchen müssen in den Probenehmer gelangen.
  Dieses Problem ist im internationalen Maßstab noch nicht befriedigend gelöst. Nur bei isokinetischer Probenahme, d. h. nur wenn Richtung und Geschwindigkeit von äußerer Luftströmung und Strömung in der Probenahmeapparatur bis zum Abscheider übereinstimmen, ist gewährleistet, daß keine Entmischung des dispersen Systems eintritt. Aufgrund ihrer Trägheit können große Staubteilchen starken Strömungsrichtungsänderungen nicht folgen. Sie gelangen entweder gar nicht in die Probenahmeöffnung oder scheiden sich an den Wänden des Luftführungssystems ab.
  Um einen repräsentativen Zeitmittelwert der Staubkenngröße zu bestimmen, müssen die Probenahmebedingungen möglichst konstant gehalten werden. Zur Gewährleistung der isokinetischen Probenahme müßten andererseits Probenahmerichtung und -geschwindigkeit ständig den wechselnden atmosphärischen Bedingungen angepaßt werden. Diesen einander entgegenstehenden Forderungen versucht man gegenwärtig dadurch zu genügen, daß man die technischen Probenahmebedingungen konstant hält und den Fehler abschätzt, der bei nichtisokinetischer Probenahme entsteht [9]. Obwohl es nicht an Versuchen gefehlt hat, konnte dieses Problem bisher theoretisch nicht befriedigend gelöst werden, da sich die ständig wechselnden atmosphärischen Bedingungen kaum analytisch darstellen lassen.
– Die Probenahmeeinrichtung muß die interessierenden Teilchen zu 100% oder einem anderen bekannten Prozentsatz abscheiden.
  Diese Forderung kann heute mit verschiedenen Abscheidern (Membranfilter, Faserfilter, Impaktoren oder Prallabscheider, Elektroabscheider) weitgehend erfüllt werden. Der Abscheidegrad wird jedoch im allgemeinen mit Hilfe von Testaerosolen bestimmt, deren Teilchengrößenverteilung nicht derjenigen des atmosphärischen Aerosols entspricht. Mit solchen Testaerosolen kann deshalb nur der Abscheidegrad unbestaubter Filter bestimmt werden. In dem Maße, wie die Staubschicht auf Filtern zunimmt, erhöht sich auch der Abscheidegrad. Die Änderungen hängen von der Korngrößenverteilung und anderen Eigenschaften des Staubes sowie von den Eigenschaften der Luft (Temperatur, Feuchte) ab und sind bisher nicht systematisch untersucht worden. Aus meßtechnischen Gründen sind die angegebenen Abscheidegrade für Teilchen unter 0,3 μm Durchmesser meistens unsicher. Außerdem stimmen häufig die Prüfbedingungen nicht mit den Probenahmebedingungen überein.
– Die Teilchen dürfen durch den Abscheidevorgang nicht verändert werden.
  Das ist besonders zu fordern, wenn anhand der Probe die Teilchengrößenverteilung bestimmt werden soll, und kann mit den meisten gebräuchlichen Staubabscheidern erreicht werden.
– Die Staubmenge muß für die nachfolgenden Untersuchungen ausreichen.
– Die Staubprobe muß entweder direkt oder nach geeigneter Präparation den nachfolgenden Untersuchungen zugänglich sein.
– Bei Routinemessungen in einem Meßnetz, aber auch in anderen Fällen werden außerdem einfache Handhabung, geringe Störanfälligkeit, niedriger Wartungsaufwand und niedrige Kosten gefordert.

5.2. Methoden der Staubprobenahme

Wir unterscheiden zwischen der Probenahme zur Bestimmung volumenbezogener und flächenbezogener Staubkenngrößen. Die Apparaturen für die volumenbezogene Probenahme bestehen im wesentlichen aus 3 Teilen,

- einem Staubabscheider,
- einem Saugaggregat (Pumpe, Gebläse), das die Luft durch den Abscheider saugt, und einem
- Luftmengenmeß- oder -kontrollgerät.

Als Staubabscheider kommen Faserfilter, Membranfilter, Impaktoren, Elektroabscheider und für Spezialuntersuchungen Thermalpräzipitatoren in Betracht.

Den bei weitem größten Anwendungsbereich haben *Faser- und Membranfilter* gefunden. Für die Staubabscheidung sind hier 3 Mechanismen maßgebend:

- Teilchen, die größer als die Porendurchmesser bzw. Faserabstände sind, werden ähnlich wie bei einem Sieb zu 100% abgeschieden (Siebwirkung).
- Aufgrund ihrer Trägheit können die Staubteilchen Richtungsänderungen der Strömung nicht beliebig folgen und treffen auf die Fasern (Trägheitswirkung, Prallwirkung, Impaktion). Die Wirksamkeit dieses Effekts nimmt mit der Teilchengröße zu.
- Durch die Wechselwirkung zwischen den Staubteilchen und den thermisch bewegten Gasmolekülen wandern die Teilchen zu den Fasern (Diffusion). Nach Einstein ist die mittlere quadratische Verlagerung Δx^2 der Teilchen in irgendeiner Koordinatenrichtung angenähert der Zeit direkt und dem Teilchendurchmesser umgekehrt proportional. Die Diffusionsabscheidung ist um so wirksamer, je kleiner die Teilchen sind.

Zu diesen 3 Effekten kann noch die Wirkung elektrostatischer Aufladung der Filter und der Staubteilchen kommen. Den Einfluß der Anströmbedingungen auf den Durchlaßgrad von Faserfiltern kann man *Abb.* 2 entnehmen. Die Maxima kommen durch das Zusammenwirken der 3 Abscheidemechanismen zustande.

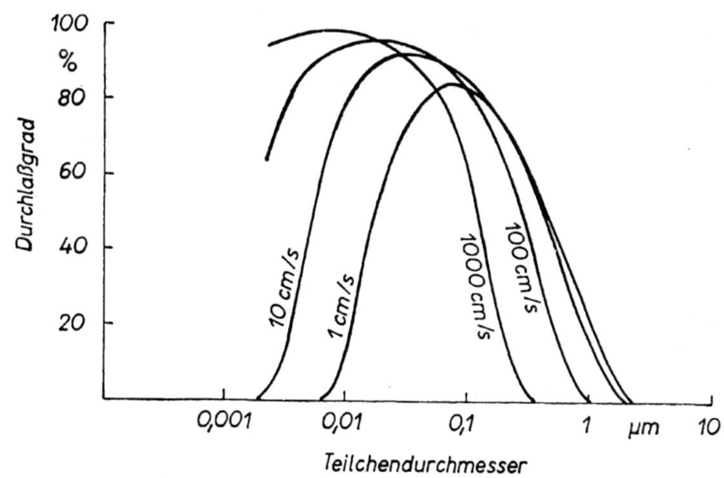

Abb. 2. Beispiel für den Durchlaßgrad von Faserfiltern in Abhängigkeit von Teilchendurchmesser und Anströmgeschwindigkeit

Gebräuchlich sind Faserfilter aus Zellulose, Kunstfasern, Asbest und Glas. Kunst- und Glasfaserfilter haben einen geringen Strömungswiderstand und eignen sich deshalb besonders für die Probenahme mit hohen Strömungsgeschwindigkeiten. Membranfilter haben einen relativ hohen Strömungswiderstand, scheiden die Teilchen aber auf der Oberfläche ab, was für zahlreiche Analysenverfahren (z. B. Mikroskopie) vorteilhaft ist. Der am meisten interessierende Teilchengrößenbereich (0,1 ... 10 µm Teilchendurchmesser) kann mit Faser- und vor allem Membranfiltern zu mehr als 99% erfaßt werden.

Impaktoren (Abb. 3) bestehen im einfachsten Fall aus einer Düse, die auf eine Prallplatte gerichtet ist. Die Luft wird mit hoher Geschwindigkeit hindurchgesaugt. Wegen ihrer Trägheit können die Staubteilchen der plötzlichen Richtungsänderung des Luftstromes nicht folgen und scheiden sich auf der Platte ab, die meistens mit einem Haftmittel bestrichen ist. Durch Hintereinanderschalten mehrerer Impaktoren mit abnehmenden Düsendurchmessern (Kaskadenimpaktor) erreicht man eine Korngrößentrennung, da in jeder folgenden Stufe wegen der steigenden Strömungsgeschwindigkeit kleinere Teilchen abgeschieden werden. Ein Impaktor eignet sich für Teilchen größer 0,2 µm Durchmesser. Als letzte Stufe dient meistens ein feinporiges Membranfilter.

Dann kann mit der Apparatur der gesamte interessierende Teilchengrößenbereich erfaßt werden. Geräte dieser Art sind relativ billig und finden wegen der Möglichkeit der Korngrößentrennung nach aerodynamischen Teilchengrößenparametern zunehmend Anwendung.

Elektroabscheider (Abb. 4) sind aus der industriellen Entstaubungstechnik bekannt [4, 10] und bestehen im einfachsten Fall aus 2 sich gegenüberstehenden Elektroden, wobei die eine als dünner Draht oder Spitze ausgebildet ist, die andere als Rohr oder Platte. An die Elektroden wird Hochspannung gelegt. Die dabei vom Draht ausgehende Koronaentladung führt zu einer elektrischen Aufladung und Abscheidung hindurchströmender Staubteilchen. Mit einem Elektrofilter kann man Staubteilchen zwischen 0,01 und 10 µm Durchmesser fast vollständig erfassen. Im Unterschied zu Faser- und Membranfiltern verstopfen Elektrofilter nicht, können große Luftmengen verarbeiten und die Teilchen nach ihrer Größe trennen, da große Teilchen eine höhere Ladung erhalten und daher im elektrischen Feld rascher abgeschieden werden als kleinere Teilchen (Abb. 5).

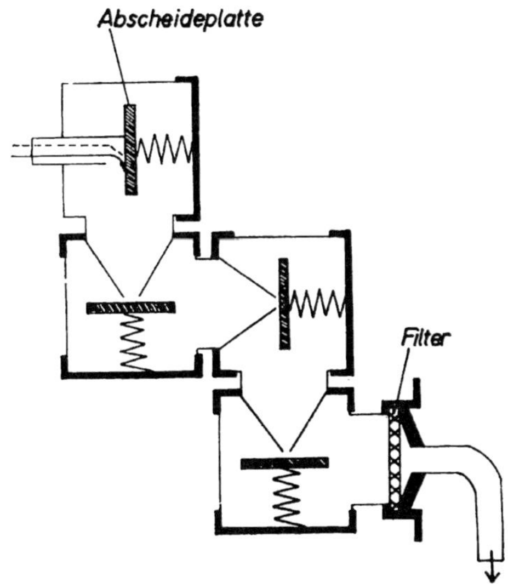

Abb. 3. Kaskadenimpaktor mit Membranfilterendstufe

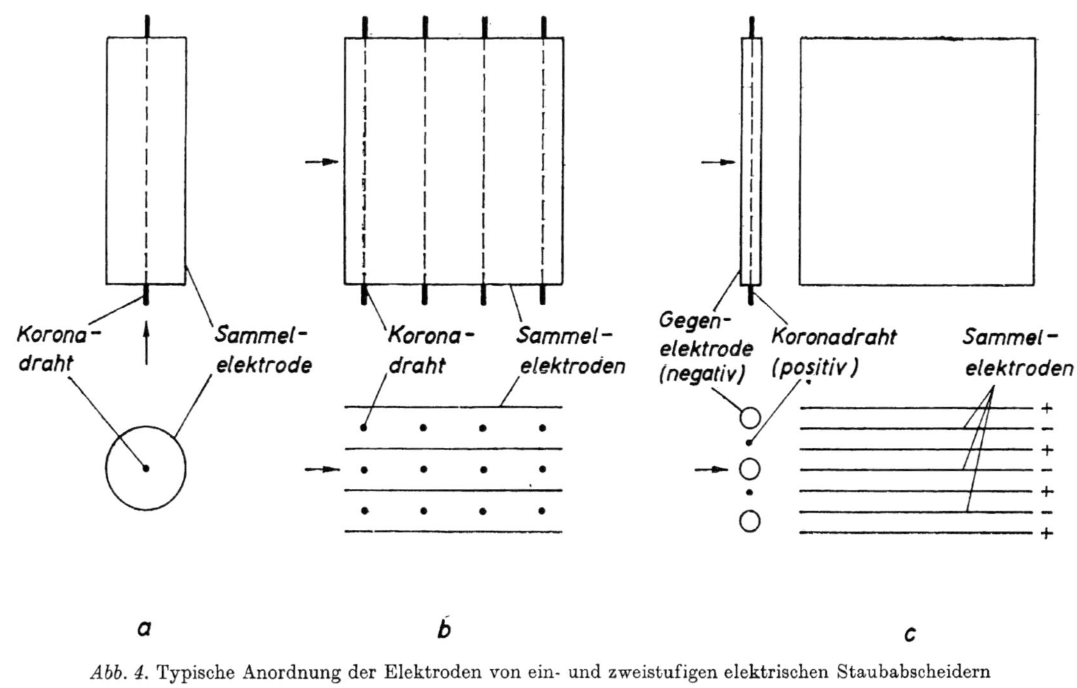

Abb. 4. Typische Anordnung der Elektroden von ein- und zweistufigen elektrischen Staubabscheidern

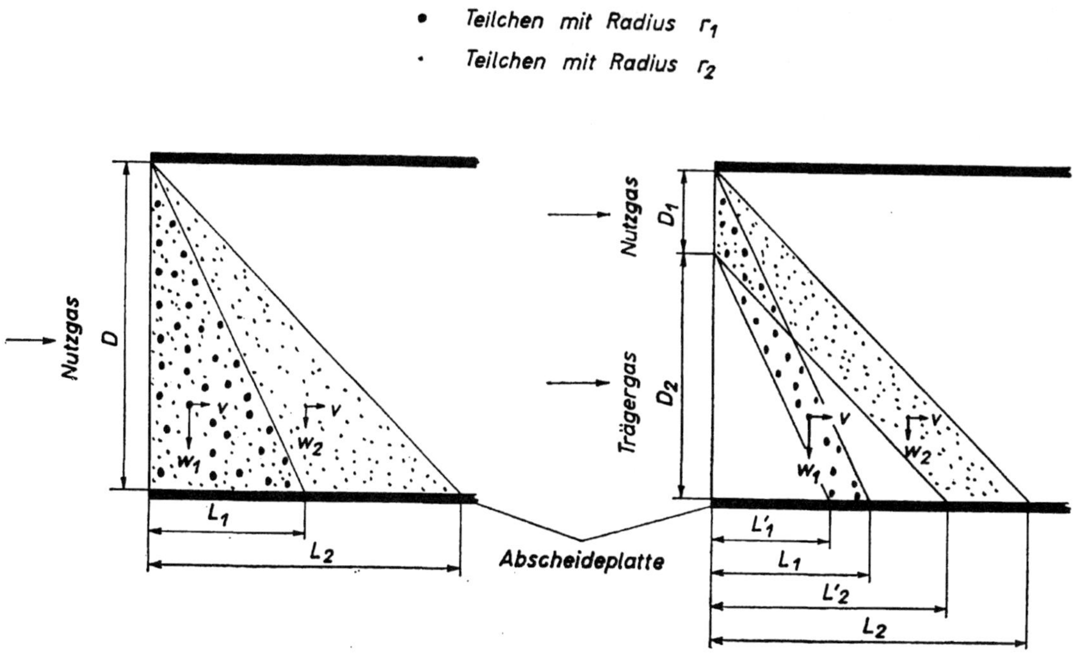

Abb. 5. Korngrößentrennung von Staub im Elektrofilter

Im *Thermalpräzipitator* werden die Staubteilchen durch thermomolekulare Kräfte abgeschieden, indem man im Luftstrom quer zur Strömungsrichtung einen starken Temperaturgradienten erzeugt. Der Luftdurchsatz solcher Geräte ist sehr gering (nur einige cm³/min). Teilchen mit einem Durchmesser unter 5 μm werden vollständig abgeschieden. Der Thermalpräzipitator eignet sich zur Probenahme aus feinsten Stäuben. Man erhält jedoch nur kleine Staubmengen.

Zur Probenahme für die Bestimmung flächenbezogener Staubkenngrößen stellt man ein – meist zylindrisches – Gefäß bekannten Öffnungsquerschnitts an der interessierenden Stelle eine bestimmte Zeit auf und sammelt den trockenen und nassen Ausfall.

6. Messungen der Staubkonzentration

Zur Kennzeichnung der Staubkonzentration in der Luft dienen 2 Kenngrößen:

– Die *Massenkonzentration* gibt die in der Luftvolumeneinheit enthaltene Staubmasse an. Gebräuchlich sind die Einheiten μg/m³ oder mg/m³.
– Die *Teilchenkonzentration* gibt die in der Luftvolumeneinheit enthaltene Staubteilchenzahl an.

Falls Gestalt, Zusammensetzung und Korngrößenverteilung der Staubteilchen bekannt wären, könnte man aus der Teilchenkonzentration die Massenkonzentration berechnen. In der Praxis ist das jedoch im allgemeinen nicht der Fall, insbesondere nicht beim atmosphärischen Staub mit seiner großen Vielfalt an mathematisch nicht oder nur näherungsweise beschreibbaren Teilchenformen und seiner fortlaufend wechselnden Zusammensetzung und Korngrößenverteilung. Wenn man vom gegenwärtigen Stand der Meßtechnik ausgeht, dann hat die Bestimmung der Massenkonzentration gegenüber der Bestimmung der Teilchenkonzentration folgende Vorteile:

– Bessere Vergleichbarkeit und Reproduzierbarkeit der im internationalen Maßstab mit verschiedenen Probenahmeapparaturen erhaltenen Meßergebnisse,
– weniger subjektive Fehlerquellen,
– Messung von Langzeit-Mittelwerten (z. B. 24-Stunden-Mittelwerten) mit einfacheren Geräten und wesentlich geringerem Aufwand an Personen und Zeit möglich, wenn automatische Meßgeräte fehlen,
– vollständigere Erfassung des hygienisch wichtigen Teilchengrößenbereiches mit einfacheren Mitteln,
– gesicherte Relationen zwischen der Massenkonzentration und der hygienischen Bedeutung des Staubes.

Dem steht das geringere zeitliche Auflösungsvermögen gegenüber, was jedoch nur bei der Untersuchung rasch verlaufender Vorgänge nachteilig ist. Aus diesen Gründen empfiehlt sich die Messung der Massenkonzentration besonders für Routinemeßprogramme im Rahmen der langfristigen Umweltüberwachung. Schließlich sind auch die aus hygienischen Gründen gesetzlich festgelegten maximal zulässigen Immissionskonzentrationen (MIK-Werte) für Schwebstaub in Einheiten der Massenkonzentration angegeben.

Die Messung der Teilchenkonzentration empfiehlt sich vor allem dann, wenn folgendes untersucht werden soll:

- kurzzeitige Schwankungen und Spitzenwerte (z. B. der Durchzug und die Maximalkonzentration von Schwaden in der näheren Umgebung von Emittenten),
- die Ausbreitung des Staubes in der Atmosphäre,
- innere Veränderungen des dispersen Systems (Alterungserscheinungen). So nimmt die Gesamtzahl der Teilchen eines abgeschlossenen dispersen Systems durch Koagulation ständig ab, wobei sich die Massenkonzentration nicht zu ändern braucht.
- die Wechselwirkungen zwischen dem Staub und anderen dispersen Phasen, also die in der Atmosphäre ablaufenden Umwandlungs- und Selbstreinigungsprozesse.

6.1. Messung der Massenkonzentration

Die Hauptmasse des atmosphärischen Staubes stellen die Teilchen zwischen 0,1 und 10 μm Durchmesser. In der Praxis bewährt haben sich die Probenahme mit Membranfiltern, Faserfiltern, Elektroabscheider und Impaktoren. Die Staubmasse ermittelt man entweder durch

- Wägung der Staubunterlage vor und nach der Exposition,
- Messung der Absorption weicher Betastrahlen in der Staubschicht oder
- Messung der Änderung der Resonanzfrequenz piezoelektrisch erregter Quarzkristalle.

Die *Wägung* ist die traditionelle, gegenwärtig noch am häufigsten angewandte Methode. Die dafür benötigten Geräte sind einfach, relativ billig und wenig störanfällig. Eine geeignete Waage ist in fast jedem Labor vorhanden. Nachteilig ist, daß sich diese Methode schlecht automatisieren läßt. Abb. 6 zeigt entsprechende Probenahmeeinrichtungen, die im Meteorologischen Dienst der DDR verwandt werden [11]. Mit einer Vakuumpumpe wird 24 h lang Luft durch ein vorher bei 80°C getrocknetes und auf 0,1 mg genau gewogenes Membranfilter von 35 mm Durchmesser und einer effektiven Filterfläche von 5 cm² gesaugt. Der Luftdurchsatz beträgt 1,5 ... 3 m³/h und wird mit einem Kammergaszähler gemessen. Nach der Exposition wird das Filter wiederum getrocknet und gewogen. Dann bestimmt man die Staubmasse durch Subtraktion der Masse des unbestaubten Filters. Unter Berücksichtigung des Luftvolumens ergibt sich die mittlere Staubkonzentration im Probenahmezeitraum nach der folgenden Formel:

$$x + \delta x = \frac{(m_2 + \delta m_2) - (m_1 + \delta m_1)}{V + \delta V} = \frac{m + \delta m}{V + \delta V}$$

m_1 Masse des unbestaubten Filters
m_2 Masse des bestaubten Filters
m Masse des Staubes auf dem Filter
δm_1 Fehler von m_1
δm_2 Fehler von m_2
δm Fehler von m
V Luftmenge, die durch das Filter gesaugt worden ist
δV Fehler von V
x mittlere Staubkonzentration im Probenahmezeitraum
δx Fehler von x

Bei diesem Probenahmeverfahren erhält man nur wenige mg Staub. Die 2 σ-Nachweisgrenze (entsprechend einer Irrtumswahrscheinlichkeit von etwa 5%) der Methode beträgt 0,3 mg. Das entspricht einer Staubkonzentration von 6 μg/m³. Da nur 24-h-Mittelwerte gemessen werden, ist der Bedienungsaufwand trotz fehlender Automatisierung gering.

Wenn nicht nur die Massenkonzentration sondern auch die chemische Zusammensetzung des Staubes bestimmt werden soll, verwendet man häufig sogenannte „High-Volume-Sampler". Das sind Probenahmegeräte, die einen etwa 100mal größeren Luftdurchsatz erreichen [12]. Es sei jedoch vorweggenommen, daß bei den heute zur Verfügung stehenden hochempfindlichen Analysenmethoden schon wenige mg Staub genügen.

Eine neue, empfindlichere Methode nutzt die *Absorption von β-Strahlen* in der Staubschicht der Probe zur Messung aus [13, ..., 16]. Die Staubmasse erhält man anhand einer Eichkurve, die angibt, wie die Absorption der β-Strahlen von der Flächenmasse der Probe abhängt. Allgemein genügt die Absorption der β-Strahlen einer Exponentialfunktion:

$$I = I_0 e^{-\mu \frac{m}{A}}$$

I Impulsdichte mit absorbierendem Medium
I_0 Impulsdichte ohne absorbierendes Medium
μ charakteristischer Absorptionskoeffizient des β-strahlenden Nuklids
$\frac{m}{A}$ durchschnittliche Staubmasse pro Flächeneinheit.

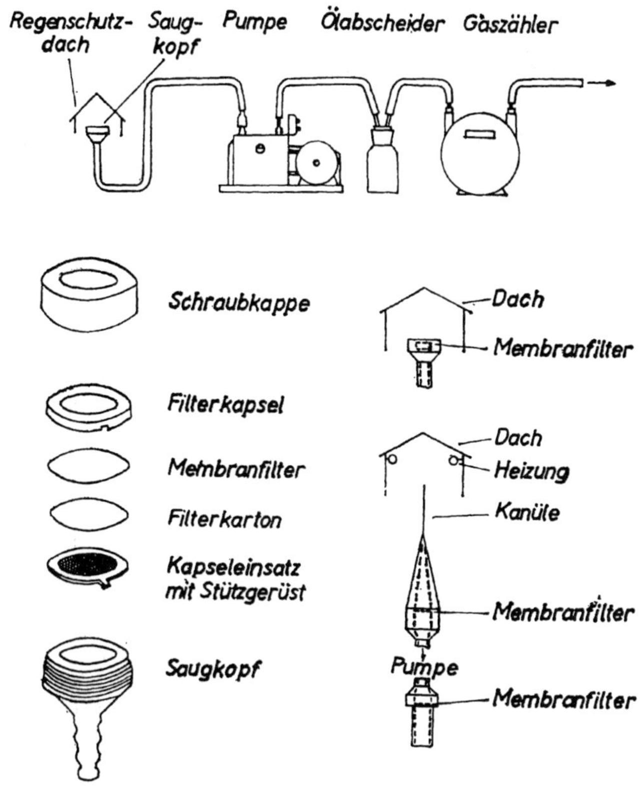

Abb. 6. Staubprobenahme mit Membranfiltern

Die Absorption von β-Strahlen in Staubschichten gleicher Flächenmasse hängt nur wenig von der Ordnungszahl des absorbierenden Materials ab. Dadurch wird es möglich, die Masse des hinsichtlich seiner Zusammensetzung sehr heterogenen atmosphärischen Staubes zu bestimmen.

Hauptvorteil dieses Meßprinzips ist seine leichte Automatisierbarkeit. Abb. 7 zeigt ein Beispiel einer solchen Anordnung. Man führt ein Filterband in einer einstellbaren Schrittgeschwindigkeit an einem β-Strahler vorbei. Die staubhaltige Luft durchsetzt das Filter nacheinander an 2 verschiedenen Stellen. Während sich an der ersten Stelle der Staub abscheidet und einen weiteren Teil der Strahlung absorbiert, kann an der zweiten Stelle die Absorption des unbestaubten, aber ebenfalls dem Luftstrom ausgesetzten Filtermaterials gemessen werden. Die Einflüsse der Luftfeuchte und -temperatur werden dadurch ausgeschaltet. Die Differenz der mit beiden Detektoren gemessenen Strahlungsintensität ist ein Maß für die Flächenmasse der Staubschicht. Die Staubkonzentration ergibt sich dann nach der Formel

$$x = \frac{A(\ln I_0 - \ln I)}{\mu \cdot Q \cdot t}$$

A effektive Abscheidefläche
Q Volumenstrom (Luftdurchsatz)
t Probenahmedauer

Die besten derzeitig im Handel erhältlichen Meßgeräte dieser Art [17] erreichen eine 2 σ-Nachweisgrenze von 1 μg und können bei einer Probenahmedauer von 1 h eine Staubkonzentration von 20 $\mu g/m^3$ mit einem 2 σ-Fehler von 10% messen. Die Empfindlichkeit ist damit 300mal größer als die der zuerst beschriebenen manuellen Methode. Solche Geräte sind allerdings mindestens 10mal teurer als die für das manuelle Verfahren benötigten und eignen sich deshalb weniger für ein dichtes Meßnetz im Rahmen der langfristigen Territorialüberwachung, wohl aber für die Immissionsprognose und Warnsysteme.

Relativ neu und technisch noch nicht so vollkommen, aber sehr empfindlich und physikalisch einwandfrei ist die Ausnutzung des *Piezoeffektes* für Massenkonzentrationsmessungen (Abb. 8). Man scheidet den Staub auf einem piezoelektrisch zu Schwingungen erregten Quarzkristall ab, z. B. nach dem Elektroabscheiderprinzip. In dem Maße, wie die Staubschicht wächst, sinkt die Resonanzfrequenz linear. Den Einfluß der Luftfeuchte und -temperatur kompensiert man durch einen Referenzkristall, der dem gleichen, jedoch staubfreien Luftstrom

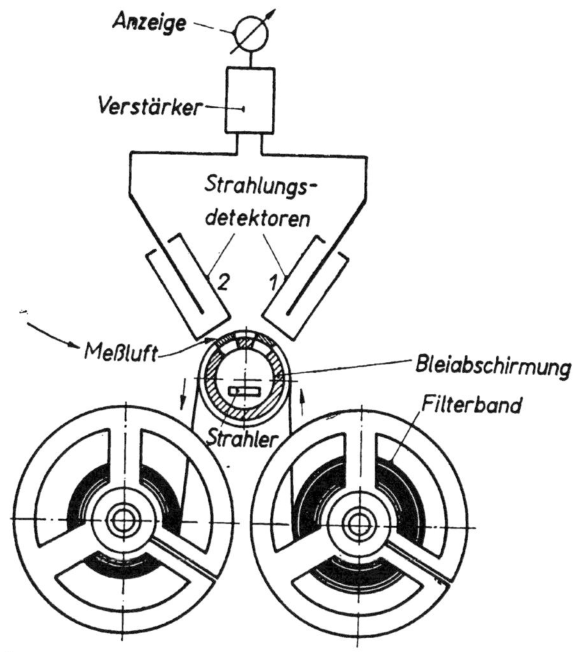

Abb. 7. Anordnung zur automatischen Messung der Massenkonzentration des Staubes mit Hilfe der β-Strahlenabsorption

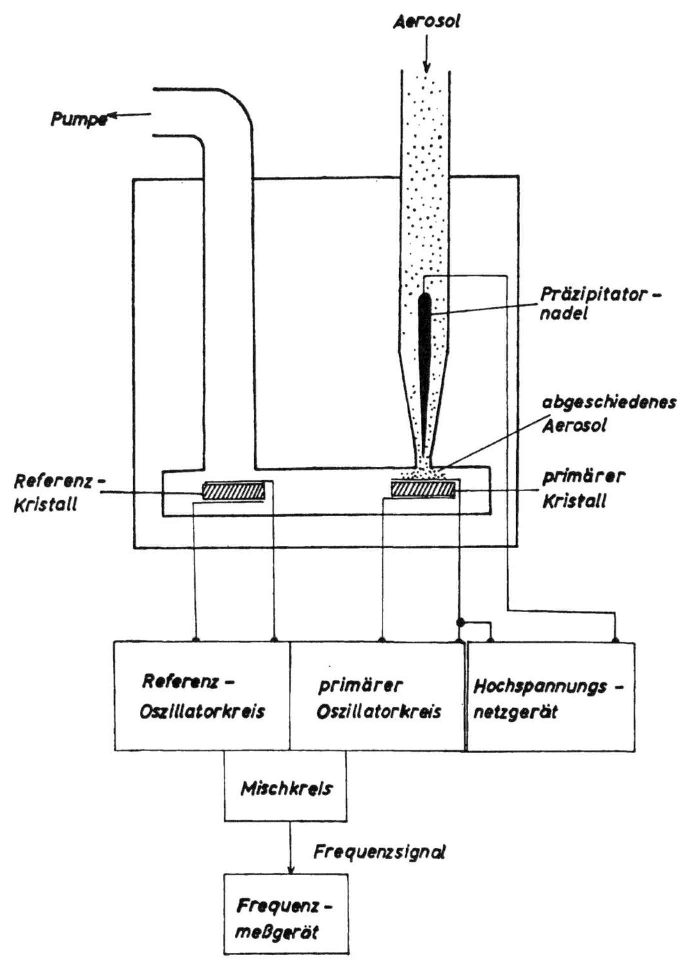

Abb. 8. Anordnung zur automatischen Messung der Massenkonzentration des Staubes mit Hilfe des Piezoeffektes von Quarzkristallen

ausgesetzt ist. Die zeitliche Änderung des Frequenzunterschiedes zwischen Meß- und Referenzkristall ist der Massenkonzentration direkt proportional:

$$x = a\frac{\Delta f}{t}$$

Δf Frequenzänderung
t Probenahmedauer
a Konstante

Mit einem im Handel erhältlichen Gerät [18] wird eine Empfindlichkeit von 180 Hz/µg abgelagerten Staubes erreicht. Das entspricht einer Nachweisgrenze von 0,006 µg. Eine Staubkonzentration von 100 µg/m³ kann in 0,6 min mit einem Fehler von 10% gemessen werden. Diese Empfindlichkeit dürfte von keiner der anderen genannten Meßmethoden jemals erreicht werden.

Der Vollständigkeit halber erwähnen wir noch die *optischen Methoden* (Photometrie, Nephelometrie), die zu den traditionellen Methoden gezählt werden müssen, ebenfalls einen hohen Automatisierungsgrad erreicht haben [19, 20, 21] und in zahlreichen Varianten in Gebrauch sind. Die optischen Eigenschaften des Staubes stehen jedoch in keiner für Meßzwecke ausreichend allgemeingültigen Beziehung zur Masse und sind deshalb für die Massenkonzentrationsmessung nur schlecht geeignet.

6.2. Messung der Teilchenkonzentration und Korngrößenverteilung

Es wurde bereits begründet, warum sich die routinemäßige Kontrolle der Luftverunreinigung im wesentlichen auf die Messung der Massenkonzentration stützt. Neben hygienischen Aspekten waren es vor allem meßtechnische Gründe. Zweifellos wird aber die Messung der Teilchenkonzentration in dem Maße an Bedeutung gewinnen, wie zuverlässige und preisgünstige Meßgeräte zur Verfügung stehen. Kaum ein Bereich der Luftverunreinigungsforschung kommt ohne Kenntnis der Teilchenzahl und -größenverteilung aus, da nicht nur das aerodynamische, sondern auch das optische Verhalten des Staubes und alle Prozesse, die zu Veränderungen des dispersen Systems führen, ohne Kenntnis dieser Größen nicht verstanden werden können.

Jede Angabe der Teilchenkonzentration muß aus folgenden Gründen mit einer Angabe der Teilchengröße verbunden werden:

- Die Teilchengrößenverteilung des atmosphärischen Staubes erstreckt sich über rund 6 Größenordnungen. Mit keinem Meßgerät ist es jedoch möglich, den gesamten Korngrößenbereich auf einmal zu erfassen.
- Die Teilchenkonzentration nimmt mit abnehmender Teilchengröße nach einem Potenzgesetz (Jungesche Verteilung) zu und erreicht ein Maximum zwischen 10^{-1} und 10^{-2} µm Durchmesser. Geringe Verschiebungen der unteren Grenze des gemessenen Teilchengrößenbereiches wirken sich stark auf das Ergebnis der Konzentrationsmessung aus.
- Die Korngrößenverteilung ist veränderlich und die einzelnen Größenbereiche haben unterschiedliche Bedeutung. Deshalb ist es sinnvoll, die Teilchenkonzentration für verschiedene Korngrößenbereiche anzugeben.

Da die Teilchen des atmosphärischen Staubes im allgemeinen unregelmäßig geformte Aggregate sind, deren Dichte in weiten Grenzen (etwa 0,1 ... 10 g/cm³) schwankt, hat man verschiedene Teilchengrößenparameter definiert [22]. Zur Beschreibung des aerodynamischen Verhaltens dienen 2 Parameter:

- Der *Stokes-Äquivalentdurchmesser* d_s eines Teilchens ist gleich dem Durchmesser derjenigen Kugel, die bei gleicher Dichte die gleiche Fallgeschwindigkeit wie das reale Teilchen hat. Diese Größe ist jedoch schwer zu bestimmen, da die Teilchendichte meistens nicht bekannt ist.
- Der *aerodynamische Äquivalentdurchmesser* d_a eines Teilchens ist gleich dem Durchmesser derjenigen Kugel, die die gleiche Fallgeschwindigkeit wie das Teilchen und eine Dichte von 1 g/cm³ hat.

Gebräuchliche *geometrische Teilchengrößenparameter* sind die folgenden (Abb. 9):

- Durchmesser d_f des flächengleichen Kreises. Er wird bestimmt, indem man das mikroskopische Bild der Teilchenfläche mit Kreisflächen bekannter Größe visuell vergleicht oder planimetriert.
- Martinscher Durchmesser d_M. Er wird bestimmt, indem man auf dem mikroskopischen Bild in einer für alle Teilchen einheitlich vorgegebenen Richtung eine Gerade so durch die Teilchen legt, daß die Teilchenfläche halbiert wird. Die Flächenhalbierende ist gleich d_M. Da die Teilchen zufällig orientiert sind, ist d_M ein statischer Durchmesser.
- Feretscher Durchmesser d_F. Er ist die anhand des mikroskopischen Bildes bestimmte größte Ausdehnung der Teilchen in einer für alle Teilchen einheitlich vorgegebenen Richtung. Wegen der zufälligen Orientierung der Teilchen ist er ebenfalls ein statistischer Durchmesser.

Für kugelförmige Teilchen stimmen die 3 geometrischen Parameter überein; für nichtkugelförmige Teilchen ergibt sich

$$d_M < d_f < d_F.$$

In der Praxis besteht die Aufgabe darin, den für die Lösung einer bestimmten Aufgabe geeigneten Parameter sowie den interessierenden Teilchengrößenbereich festzulegen und danach das Meßverfahren auszuwählen [22].

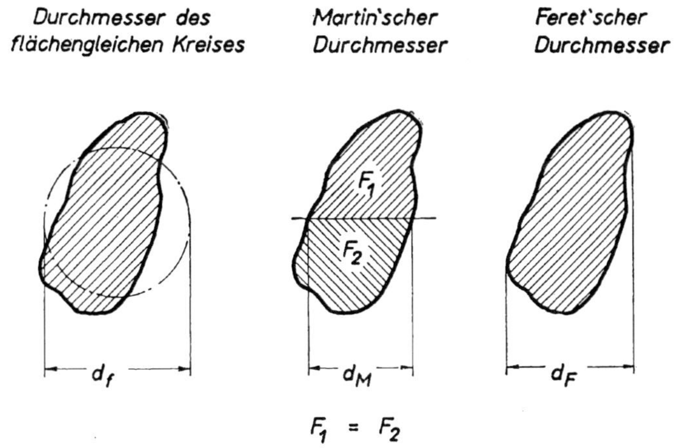

Abb. 9. Geometrische Größenparameter für unregelmäßig geformte Teilchen

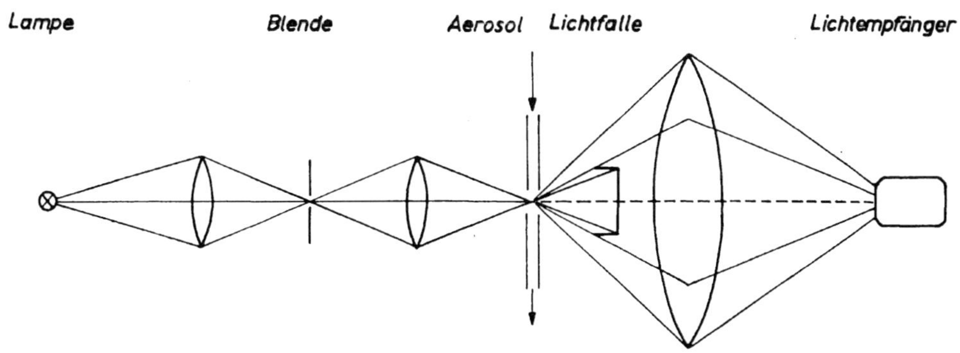

Abb. 10. Anordnung der optischen Bauelemente eines Streulicht-Partikelzählers

Traditionelle Standardmethode ist die *Lichtmikroskopie* [23]. Mit ihr können geometrische Größenparameter für Teilchen zwischen etwa 1 und 100 μm Durchmesser bestimmt werden. Die gleichen Parameter kann man mit Hilfe der *Elektronenmikroskopie* [24, 25] für Teilchen zwischen 0,01 und 5 μm ermitteln. Beide Methoden sind arbeitsaufwendig, da bis jetzt nur die Automatisierung einzelner Schritte gelungen ist. Es ist erforderlich, eine Probe zu nehmen, diese zu präparieren und anschließend entweder direkt oder auf dem Umweg über eine Mikrofotographie auszuwerten. Die oft langwierige und zu Fehlern Anlaß gebende Präparation kann umgangen werden, wenn man den Staub direkt auf einem licht- bzw. elektronenmikroskopisch durchstrahlbaren Objektträger abscheidet. Das ist möglich mit Impaktoren, Elektroabscheidern und Thermalpräzipitatoren sowie in begrenztem Maße mit Membranfiltern. Durch die Kombination von Licht- und Elektronenmikroskopie läßt sich der gesamte hygienisch interessante Korngrößenbereich des atmosphärischen Staubes untersuchen.

In den letzten Jahren haben *Streulicht-Partikelzähler* [4, 26], die ursprünglich für die Rein-Raum-Technik entwickelt worden sind, Eingang in die Luftverunreinigungsmeßtechnik gefunden. Mit ihnen können Staubteilchen automatisch im Schwebezustand gezählt und nach ihrer Größe klassiert werden (Abb. 10).

Ein staubtragender Luftstrom kleinen Querschnitts wird durch ein intensives, fokussiertes Lichtbündel seitlich beleuchtet. Gegenüber der Lichtquelle oder in einem anderen geeigneten Winkel zu ihr befindet sich ein Lichtempfänger, meistens ein Sekundärelektronenvervielfacher. Das direkte Licht der Lampe wird in einer Lichtfalle absorbiert. Ein Staubteilchen, das den Lichtstrahl passiert, streut Licht in den gesamten Raumwinkel. Das in eine bestimmte Richtung gestreute Licht gelangt auf den Lichtempfänger und löst dort einen Stromimpuls aus, der in einer nachfolgenden elektronischen Apparatur in einen Spannungsimpuls umgewandelt, verstärkt und gezählt wird. Da die Streulichtintensität von der Teilchengröße abhängt, können auf diese Weise nur Staubteilchen größer 0,3 μm Durchmesser gezählt und nach ihrer Größe klassiert werden. Die Winkelverteilung der Streulichtintensität ist von der Größe, der Gestalt und dem Brechungsindex der Teilchen abhängig. Wegen der komplizierten Zusammensetzung des atmosphärischen Staubes mißt man meistens das vorwärts gestreute Licht, da es am wenigsten vom Brechungsindex beeinflußt wird. Neueste Geräte verwenden eine Laserlichtquelle [27] und messen das in einen Winkelbereich von nahezu 180° gestreute Licht. Sie sind damit gut für Messungen in der Atmosphäre geeignet.

Handelsübliche Streulicht Partikelzähler sind sehr teuer und werden deshalb Sonderaufgaben vorbehalten bleiben. Es sind jedoch diejenigen Staubkonzentrationsmeßgeräte mit dem höchsten zeitlichen Auflösungsvermögen. Sie eignen sich besonders zur Untersuchung rasch verlaufender Konzentrationsschwankungen, wie sie in der nächsten Umgebung von Quellen auftreten.

7. Bestimmung der chemischen Zusammensetzung des Staubes

Die Analyse des atmosphärischen Staubes kann prinzipiell mit den aus der physikalischen und chemischen Stoffanalyse bekannten Methoden vorgenommen werden. Das Hauptproblem besteht darin, daß nur geringe Stoffmengen zur Verfügung stehen, häufig nur wenige mg, und die interessierenden Komponenten günstigstenfalls einen Anteil von wenigen Prozent haben. Selbst mit einem High-Volume-Sampler erhält man nur einige 100 mg Staub.

Die Entwicklung der Analysenmethoden ist dadurch gekennzeichnet, daß die Empfindlichkeit der traditionellen chemischen Methoden durch besondere Techniken wie die Ringofentechnik und die Ultramikroanalysentechnik enorm gesteigert worden ist, und in zunehmenden Maße physikalische Methoden eingesetzt werden. Dabei ist zu unterscheiden zwischen Methoden, mit denen die Elemente, und Methoden, mit denen die Verbindungen (Phasen) bestimmt werden. Gegenwärtig überwiegt noch bei weitem die Elementaranalyse, obwohl zum Verständnis der Wirkungen des Staubes die Kenntnis der Verbindungen nötig wäre.

Wir betrachten zunächst die *Elementaranalyse.* Die chemischen Methoden nutzen meistens charakteristische Farb- oder Fällungsreaktionen für den Nachweis der Elemente aus. Relativ einfach und billig, aber sehr empfindlich ($10^{-6} \ldots 10^{-9}$ g) ist die *Ringofentechnik* [2, 28, 29], die sich zur Analyse von anorganischen und organischen Substanzen eignet. Man legt ein Stück Filterpapier auf einen geheizten Metallring und gibt in die Mitte des Filters einen Tropfen der gelösten Probensubstanz. Nach Zugabe weniger Tropfen des Lösungsmittels wandert die gelöste Probe in den Poren zum geheizten Ring, wo das Lösungsmittel verdampft und ein scharf definierter Ring zurückbleibt. Nach Zerschneiden des Ringes können verschiedene Elemente mit Farbreaktionen auf dem Filter nachgewiesen werden.

Weniger für die Routine geeignet und etwas aufwendiger ist die *Ultramikroanalyse* [30], die in der Ausführung von Nachweisreaktionen an einzelnen Staubteilchen unter dem Mikroskop besteht und daher eine noch höhere Nachweisempfindlichkeit erreicht ($10^{-6} \ldots 10^{-12}$ g). Sie ist auch für die Phasenanalyse geeignet.

Die überwiegende Zahl der physikalischen Methoden der Elementaranalyse beruht auf der Anregung der Atome zur Emission im ultravioletten, sichtbaren, infraroten und Röntgen-Bereich oder auf der Messung der Resonanzabsorption in diesen Bereichen. Zu diesen Methoden gehören die *Flammenphotometrie* [31, 32] (Nachweisgrenze $10^{-3} \ldots 10^{-12}$ g), die vor allem für den Nachweis der Alkali- und Erdalkalimetalle geeignet ist, sowie die mit Lichtbogen arbeitende *Emissionsspektrometrie* [7, 59], die vor allem für den Nachweis von Metallen geeignete *Atomabsorptionsspektrometrie* [2, 33, 34] und die *Röntgenfluoreszenzspektrometrie* [36, 37], mit denen Stoffmengen bis 10^{-9} g nachgewiesen werden können. Von diesen Methoden ist nur die letztere nichtdestruktiv, so daß eine Probe beliebig oft analysiert werden kann. Außerdem ist hier keine Probenaufbereitung nötig. Obwohl für die Atomabsorptionsspektrometrie und Röntgenfluoreszenzspektrometrie sehr kostspielige Apparaturen gebraucht werden, gewinnen sie wegen ihrer Empfindlichkeit und ihrer Eignung für die Routine zunehmend an Bedeutung. Durch spezielle Techniken wie die *Laser-Mikrospektralanalyse* [7] (Verdampfung und Anregung mikroskopischer Probenbereiche durch Laser-Lichtblitze), *Röntgenmikroanalyse mit Elektronensonden* [7] (Anregung kleinster Probenbereiche durch Elektronenstrahlen zur Röntgenemission) und *Szintillationsteilchenspektrometrie* [38] (ein staubtragender Luftstrom wird einer Wasserstofflamme zugeführt, die von den einzelnen Teilchen stammenden Lichtblitze werden analysiert) konnte die Empfindlichkeit dieser Methoden weiter gesteigert werden. Sie liegt bei der Szintillationsteilchenspektrometrie zwischen 10^{-12} und 10^{-17} g.

Auf anderen Prinzipien beruhen die Neutronenaktivierungsanalyse, die Massenspektrometrie und die Polarographie.

Bei der *Neutronenaktivierungsanalyse* [39] werden die Staubproben im Kernreaktor mit Neutronen bestrahlt. Die Gammastrahlung der dabei gebildeten radioaktiven Nuklide dient zum Nachweis der Elemente. Die Nachweisgrenze liegt bei $10^{-6} \ldots 10^{-12}$ g. Wegen ihrer hohen Empfindlichkeit und der Möglichkeit, eine große Zahl von Elementen gleichzeitig zu bestimmen, wird diese Methode immer häufiger angewandt.

Bei der *Massenspektrometrie* [40], der Methode mit der größten Empfindlichkeit (maximal etwa 10^{-19} g) ionisiert man die Proben durch Elektronenbeschuß und spaltet den dabei entstehenden Ionenstrahl im elektrischen und magnetischen Feld nach der Masse je Ladungseinheit auf. Die Intensität der im Ionen-Detektor erhaltenen Ströme ist der Teilchenzahl proportional. Man kann damit die verschiedenen Isotope eines chemischen Elements unterscheiden.

Die *Polarographie* [41] eignet sich für den Nachweis elektroaktiver anorganischer und organischer Substanzen. Die Probe wird gelöst und in eine polarographische Zelle gegeben, die einen Elektrolyten sowie eine kleine polarisierbare (tropfendes Quecksilber) und eine große nichtpolarisierbare Elektrode enthält. Die bei der schrittweisen Erhöhung der Zellenspannung auftretenden Stufen der Strom-Spannungscharakteristik dienen zur Identifizierung und Konzentrationsbestimmung. Es können noch etwa 1 μg/ml nachgewiesen werden. Diese Methode verlangt Erfahrung.

Von den Methoden zur *Phasenanalyse* kommen die Licht- und Elektronenmikroskopie, die Röntgenstrukturanalyse, die Infrarot-Absorptionsspektrometrie, die Photoelektronenspektroskopie mit Röntgenstrahlen und die Dünnschichtchromatographie für die Analyse des atmosphärischen Staubes in Betracht.

Bei der *Lichtmikroskopie* [23, 42, 43, 44] dienen morphologische und optische Parameter (z. B. optische Anfärbung im Grenzdunkelfeld) zur Identifizierung (Nachweisgrenze $10^{-6} \ldots 10^{-12}$ g). Die *Elektronenmikroskopie* [25, 45, 46, 47] nutzt außer morphologischen Merkmalen die Beugung von Elektronen im Kristallgitter aus (Nachweisgrenze $10^{-9} \ldots 10^{-18}$ g). Trotz des jetzt noch hohen Arbeitsaufwandes scheinen die Licht- und Elektronenmikroskopie wegen ihrer Vielseitigkeit und hohen Nachweisempfindlichkeit große Zukunftsaussichten zu haben. Während sich die Lichtmikroskopie bereits gut eingeführt hat, steckt die Anwendung der Elektronenmikroskopie auf diesem Gebiet noch in den Anfängen.

Bei der *Röntgenstrukturanalyse* [48, 49] wird die Beugung von Röntgenstrahlung im Kristallgitter ausgenutzt. Es sind jedoch wesentlich größere Substanzmengen (Nachweisgrenze $10^{1} \ldots 10^{-3}$ g) nötig als bei der Elektronenbeugung. Außerdem ist — im Unterschied zur letzteren — keine Analyse einzelner Teilchen möglich. Bei der *Infrarot-Absorptionsspektrometrie* [50, 51] dienen die Schwingungsenergien von Molekülen und anderen Komplexen zum Nachweis.

Kaum erprobt ist bisher die *Photoelektronenspektroskopie* [52]. Hierbei wird die kinetische Energie der Photoelektronen gemessen, die aus der Staubprobe beim Bestrahlen mit monoenergetischen Röntgenstrahlen ausgelöst werden. Die kinetische Energie eines Photoelektrons ist gleich der Differenz der Energie des Röntgenstrahles und der Bindungsenergie des Elektrons. Wegen der geringen Reichweite der Photoelektronen handelt es sich um eine Oberflächenanalyse (maximale Tiefe 3 nm).

Die *Dünnschichtchromatographie* [2] nutzt die selektive Adsorption und die dadurch bewirkte Trennung unterschiedlicher gelöster Moleküle in speziell präparierten Filtrierpapieren aus und wird vornehmlich zur Bestimmung organischer Staubkomponenten herangezogen.

Wir erwähnen schließlich noch die *Differential-Thermoanalyse*, die in der Registrierung des Wärmeumsatzes von Substanzen bei Temperaturänderung besteht. Erhitzt man die zu untersuchende Substanz zusammen mit einer inerten Substanz, dann treten bei bestimmten stoffspezifischen Temperaturen in der Untersuchungssubstanz exotherme oder endotherme Reaktionen auf, die als Thermospannungsdifferenz zwischen Probe und Inertsubstanz gemessen werden. Lage und Größe der thermischen Effekte gestatten Aussagen über Qualität und Quantität der Probensubstanzen. Eine Anwendung dieser Methode auf dem Gebiet der Luftverunreinigung ist uns bisher nicht bekannt geworden.

Ganz allgemein kann festgestellt werden, daß die meisten Methoden der Phasenanalyse des atmosphärischen Staubes weit weniger ausgearbeitet sind als die Methoden der Elementaranalyse.

8. Messung des Staubausfalls

Die Menge des pro Flächen- und Zeiteinheit abgelagerten Staubes, also der Staubausfall, ist diejenige Staubkenngröße, die mit dem geringsten Aufwand gemessen werden kann [53]. Solche Messungen wurden in den letzten 2 Jahrzehnten international im großen Maßstab durchgeführt. Es hat sich jedoch gezeigt, daß diese Größe sehr stark von lokalen Faktoren wie Staubaufwirbelung, nahegelegenen Quellen, nichtstaubförmigen Störkomponenten (Pflanzen- und Tierreste) beeinflußt wird und daher nur schlecht zur Kennzeichnung der Luftverunreinigung geeignet ist. Zur Probenahme verwendet man meistens ein Haushalt-Konservenglas, das am Meßort aufgestellt wird. Monatlich wird der Inhalt entnommen und auf seinen Anteil an gelösten und ungelösten Feststoffen mit den bekannten gravimetrischen und chemischen Methoden analysiert.

9. Messung des Radioaktivität des Staubes

Im Rahmen von weltweiten Überwachungsprogrammen wird seit 2 Jahrzehnten die Radioaktivität anthropogenen Ursprungs gemessen. Zur Probenahme verwendet man die gleichen Apparaturen wie für die Bestimmung der Massenkonzentration des Staubes, vor allen Dingen Filtergeräte.

Zum Nachweis der radioaktiven Strahlung nutzt man deren Vermögen aus, Gas zu ionisieren (Zählrohre) und Festkörper elektrisch leitend zu machen (Halbleiterdetektoren) bzw. zur Lichtemission anzuregen (Szintillationsdetektoren).

Während man anfangs nur die Gesamtaktivität (α-, β-, γ-Aktivität) verfolgte, geht man zunehmend zur Überwachung spezieller Radionuklide über, da so die hygienische Bedeutung der Strahlung besser charakterisiert werden kann. Man unterscheidet dabei zwischen radiochemischen Verfahren, bei denen dem Strahlungsnachweis ein chemischer Trennungsgang vorausgeht, und physikalischen Methoden wie *α-, β- und γ-Spektrometrie* [56, 57], bei denen die Probe direkt untersucht wird. Der γ-Spektrometrie kommt dabei die größte Bedeutung zu. Die von einem Radionuklid ausgesandte Gammastrahlung hat eine ganz bestimmte Energie, die in geeigneten Detektoren wie NaJ- oder Halbleiterkristallen in einen energieproportionalen Lichtblitz bzw. eine Leitfähigkeitsänderung umgesetzt wird und mit elektronischen Mitteln gemessen werden kann. Die traditionellen Szintillationsdetektoren werden zunehmend von den Halbleiterdetektoren verdrängt, da deren Energieauflösungsvermögen wesentlich besser ist. Damit wird es möglich, bedeutend kompliziertere Nuklidgemische zu analysieren.

Die hohe Empfindlichkeit dieser Methoden ist offensichtlich, denn es wird ja die Strahlung einzelner Atome gemessen, und in Apparaturen, bei denen die Umgebungsstrahlung weitgehend abgeschirmt ist (*Low-Level-Counter* [58]) genügt zum Nachweis der Zerfall weniger Atome.

10. Ausblick

Damit soll die kurze, keinesfalls vollständige Übersicht über die Staubmeßmethoden abgeschlossen werden. Zusammenfassend können wir feststellen, daß es für die Messung fast aller interessierenden Staubkenngrößen Methoden gibt, die genügend empfindlich sind. Das größte Problem besteht darin, diese Methoden technisch so zu vervollkommnen, daß sie für die Routine geeignet sind. Bei den Untersuchungen in der Atmosphäre gelingt es nie, alle Einflußfaktoren zu berücksichtigen. Dieser Umstand zwingt uns, statistische Methoden als wesentliches Element in den Erkenntnisprozeß einzubeziehen, und eine statistische Aussage ist ja bekanntlich um so sicherer, je umfangreicher das Meßwertkollektiv ist.

Die meisten der hier genannten Meßmethoden, insbesondere die Verfahren zur Bestimmung der chemischen Zusammensetzung und der Radioaktivität des Staubes, verlangen kostspielige Geräte und viel Erfahrung. Im Interesse eines rationellen Einsatzes der Mittel ist es deshalb nötig, diese Arbeiten in gut ausgerüsteten Laboratorien zu zentralisieren.

Literatur

[1] *Herrmann, G.:* Meßmethoden der Bestimmung gasförmiger Luftverunreinigungen. Z. f. Meteor. 27, (1977) 341–350
[2] *Stern, A. C.:* Air Pollution, Vol. II, New York, London 1968
[3] *Green, H. L., W. R. Lane:* Particulate Clouds: Dusts, Smokes and Mists. London 1964
[4] *Davies. C. N.:* Aerosol Science. London, New York 1966
[5] *Cadle, R. D.:* Particle Size. New York 1965
[6] *Leithe, W.:* Die Analyse der Luft und ihrer Verunreinigung. Stuttgart 1968
[7] *Moenke, H., L. Moenke-Blankenburg:* Optische Bestimmungsverfahren und Geräte für Mineralogen und Chemiker. Leipzig 1965
[8] *Zier, M.:* Einige Ergebnisse von Schwebstaubmessungen in unterschiedlich verstaubten Gebieten der DDR. Technik und Umweltschutz 2 (1972), 65–81
[9] *Davies, C. N.:* The entry of aerosols into sampling tubes and heads. Brit. J. Appl. Phys. (J. Phys. D) Ser. 2, 1 (1968), 921–932
[10] *White, H. J.:* Entstaubung industrieller Gase mit Elektrofiltern. Leipzig 1969
[11] *Zier, M.:* Staubgehaltsmessungen mit Membranfiltern. Z. f. Meteor. 20 (1968), 68–77
[12] *U. S. D. H. E. W.:* Air pollution measurements of the National Air Sampling Network. Analyses of suspended particulates 1957–1961. U. S. Department of Health, Education, and Welfare. Public Health Service, Division of Air Pollution, Washington 25, D. C. Robert A. Taft Sanitary Energineering Center, Cincinnati, Ohio, 1962
[13] *Nader, J. S., D. R. Allen:* A mass loading and radioactivity analyzer for atmospheric particulates. Amer. Ind. Hyg. Assoc. J. (1960) 8, 300–306
[14] *Dresia, H., P. Fischötter, G. Felten:* Kontinuierliches Messen des Staubgehaltes in Luft und Abgasen mit β-Strahlen. VDI-Z. 106 (1964) 24, 1191–1195
[15] *Dresia, H., R. Mucha:* Registrierendes radiometrisches Meßgerät zur kombinierten Messung der Immissionen von Staub und Radioaktivität in Luft. Staub 34 (1974) 4, 125–128
[16] *Aurand, K., J. Bosch:* Gerät zur kontinuierlichen Bestimmung der Konzentration staubförmiger Luftverunreinigungen. Staub 27 (1967) 10, 445–447
[17] Immissions-Massometer Modell APM zur Bestimmung der Massenkonzentration des Staubes in der Umgebungsluft. Firmendruckschrift der GCA Corporation, USA
[18] Particle mass monitor system 3205. Firmendruckschrift tsi, USA
[19] *Müller, E., A. Thaer:* Ein registrierendes Staubmeßverfahren auf Membranfilterbasis. Staub 25 (1965), 251
[20] *Polydorova, M.:* Automatisches Registriergerät zur Messung der Konzentration von Aerosolen. Vortrag auf dem Internationalen Symposium in Liblice, ČSSR, 1965
[21] *Kon'kov, S. A.:* O registracii koncentracii pyli v atmosfere. Trudy GGO Leningrad, 234 (1968), 181–187
[22] *Batel, W.:* Einführung in die Korngrößenmeßtechnik. Berlin/Göttingen/Heidelberg 1964
[23] *Beyer, H.* (Hrsg.): Handbuch der Mikroskopie. Berlin 1973, 720 S.
[24] *Binek, B.:* Probenahme feindisperser Aerosole für ein elektronenmikroskopisches Kornanalysenverfahren. Staub 25 (1965), 261–265
[25] *Simon, A.:* Electron microscopic study of the size distribution of aerosol particles captured on membrane filters. Időjárás (1971) 5–6, 303–307
[26] *Bol, J., J. Gebhardt, W. Heinze, W.-D. Petersen, G. Wurzbacher:* Ein Streulicht–Teilchengrößenspektrometer für submikroskopische Aerosole hoher Konzentrationen. Staub 30 (1970) 11, 475–79
[27] *Seger, G.:* Die Anwendung von Laserlichtquellen zur Kontrolle der Luft auf partikelförmige Verunreinigungen. messtechnik 81 (1973) 5, 142–148
[28] *Weisz, H.:* Mikrochim. Acta 140 (1954)
[29] *Weisz, E.:* Microanalysis by the Ring Oven Technique. Oxford 1961
[30] *Korenman, I. M.:* Introduction to quantitative Ultramicroanalysis. New York/London 1965
[31] *Dean, J. A.:* Flame Photometry. New York 1960
[32] *Cammann, K.:* Aufbau eines extrem empfindlichen Flammenphotometers für Analysen im Picogramm–Bereich mit Hilfe eines „Lock-in"-Verstärkers. messtechnik 80 (1972) 9, 272–277
[33] *Walsh, A.:* Spectrochim. Acta 7 (1955), 108

[34] *Robinson, J. W.:* Atomic Absorption Spectroscopy. New York 1966
[35] *Benger, H., E. Lehmann:* Räntgenfluoreszenzspektrometrische Bleibestimmungen in atmosphärischem Staub. Gesundheits-Ing. 93 (1972) 1, 21–24
[36] *Grennfeld, P., A. Akerström, C. Brosset:* Determination of filter–collected airborne matter by x-ray fluoreszence. Atm. Environment 5 (1971), 1–6
[37] *Rhodes, J. R., A. H. Pradzynski, R. D. Sieberg:* Energiedispersive x-ray emission spectrometry for multi–element analysis of air particulates. ISA Transactions 11 (1972) 4
[38] *Binek, B.:* Die Eigenschaften und die Anwendung des Szintillations-Teilchenzählers. Staub 30 (1970) 11, 468–471
[39] *Pillay, K. K. S., C. Thomas:* Determination of the trace elements in atmospheric pollutants by neutron activation analysis. J. radioanal. Chem. 7 (1971) 1, 107–118
[40] *Schnetzle, D., A. L. Crittenden, R. J. Charlson:* Application of computer controled high resolution mass spectrometry to the analysis of air pollutants. J. Air Poll. Control Assoc. 23 (1973), 704–709
[41] *Heyrovsky, J., J. Kuta:* Principles of Polarography. New York 1966
[42] *Schmidt, K.-G.:* Phasenkontrastmikroskopie im Staublaboratorium. Staub 22 (1962), 307–313
[43] *Radczewski, O. E.:* Die Unterscheidung von Mineralien durch optische Anfärbung im Grenzdunkelfeld. Ber. dt. keram. Gesellsch. 38 (1961), 389–395
[44] *El-Hinnawi, E. E.:* Methods in chemical and mineral microscopy. Amsterdam 1966
[45] *Hampl, V., K. Spurny:* Elektronenmikroskopie von Aerosolteilchen. in: Aerosols. Physical. Chemistry and Applications, Hrsg. K. Spurny, Prag 1965, S. 301–323
[46] *Radczewski, O. E.:* Bestimmung feinster kristalliner Teilchen mit Elektronenmikroskopie und -beugung. Exper. Techn. Phys. 19 (1971) 5, 395–405
[47] *Edwards, W. H., A. C. Hill, W. O. Ursenbach:* Application of scanning electron microscopy to identification and estimation of natural and man–made dusts in arid regions. Chemosphere 1 (1972) 3, 107–112
[48] *Nenadic, C. M., J. V. Crable:* Application of x-ray diffraction to analytical problems of occupational health. Amer. Ind. Hyg. Assoc. J. 32 (1971) 8, 529–538
[49] *Warner, P. O., L. Saad, J. O. Jackson:* Identification and quantitative analysis of particulate contaminants by x-ray diffraction spectrometry. J. Air Poll. Contr. Assoc. 22 (1972) 11, 887–890
[50] *Hoidale, G. B., A. J. Blanco:* An infrared spectroscopic view of the nature of giant and large particle atmospheric dust. J. rech. atmosph. 3 (1968) 4, 293–299
[51] *Taylor, D. G., Ch. M. Nenadic, J. V. Crable:* Infrared spectra for mineral identification. Amer. Ind. Hyg. Assoc. J. 31 (1970) 1, 100
[52] *Craig, N. L., A. B. Harker, T. Novakov:* Determination of the chemical states of sulfur in ambient pollution aerosols by x-ray photoelectron spectroscopy. Atm. Environment 8 (1974) 1, 15–21
[53] *Köhler, A., W. Fleck:* Vergleichende Staubniederschlags- und Staubkonzentrationsmessungen. Staub 26 (1966) 3, 105–110
[54] *Kment, V., A. Kuhn:* Technik des Messens radioaktiver Strahlung. Leipzig 1960
[55] *Kuhn, A., V. Kment:* Halbleiter- und Kristallzähler. Leipzig 1969
[56] *Siegbahn, K.:* Beta- and Gamma-Ray Spectroscopy. Amsterdam 1965
[57] *Klasen, H.:* Die Gammaspektrometrie, ein modernes Analysierverfahren. Glas-Instrum.-Techn. 7 (1963) 4, 153–157
[58] *Schroeder, A. N. F.:* Low–Level Counting. messtechnik 81 (1973) 8, 261–263
[59] *Kipsch, D.:* Lichtemissions-Spektrometrie. Leipzig 1974

Anschrift: Dr. rer. nat. Manfred Zier, Meteorologischer Dienst der DDR, Meteorologisches Observatorium Wahnsdorf, 8122 Radebeul 5, Alt Wahnsdorf 12

551.551.8:66.045.5
551.577.53
551.577.61:621.315.1

Niederschläge in der Umgebung von Naßkühltürmen

Von W. Marquardt und P. Ihle*

Mit 14 Abbildungen

Zusammenfassung: Der Tropfenauswurf aus Naßkühltürmen und der durch Nachkondensation aus Kühlturmfahnen hervorgerufene Niederschlag können die Umgebung nachteilig beeinflussen. Die Kühlturmniederschläge stellen unter anderem eine potentielle Gefahr dar für die Betriebssicherheit von elektrischen Freiluftanlagen und die Straßenverkehrssicherheit. Im Hinblick auf diese Auswirkungen befaßt sich die vorliegende Arbeit mit der experimentellen, theoretischen und wahrscheinlichkeitsstatistischen Erfassung von Kühlturmniederschlägen.

Zur Bestimmung geringster Niederschlagsmengen bis zu 0,02 mm/h wurde die sogenannte Acetonmethode weiterentwickelt, die auf Leitfähigkeitsmessungen basiert. An einem aus vier Kühltürmen bestehenden Kühlturmfeld erfolgten umfangreiche Niederschlagsmessungen, die Schlußfolgerungen über Intensität und Reichweite der Kühlturmniederschläge zulassen. Im Mittel wird in Entfernungen von 2–4 Kühlturmhöhen ein Niederschlagsmaximum beobachtet; im Einzelfall ist die Lage der durch Überlagerung mehrerer Kühlturmfahnen entstehenden Niederschlagsmaxima von der Windgeschwindigkeit abhängig.

Die für variable Lufttemperaturen und -feuchtigkeiten theoretisch ermittelten Niederschlagswerte stimmen mit den experimentellen Daten befriedigend überein.

Die statistische Auswertung meteorologischer Beobachtungsdaten ergibt in Verbindung mit den genannten Untersuchungen die Auftrittshäufigkeit von Kühlturmniederschlägen sowie die Überschreitungshäufigkeiten bestimmter Niederschlagswerte in Abhängigkeit von Entfernung und Richtung.

Darstellungen der Überschreitungshäufigkeiten bestimmter Niederschlagsintensitäten ergeben wichtige Unterlagen für optimale Bauanordnungen in Kraftwerken sowie für Probleme der Straßenverkehrssicherheit. Minimale Überschreitungshäufigkeiten treten im Binnenflachland der DDR nordwestlich und südlich der Kühltürme auf.

Summary: The release of droplets from wet cooling towers and the precipitation due to condensation from cooling tower plumes can have an unfavourable effect upon the environment. Precipitation from cooling towers is a potential hazard to the safe operation of electric power lines and to road traffic.

The paper deals with the experimental, theoretical and statistical analysis of precipitation emitted from cooling towers. For the determination of even very small amounts of precipitation (down to 0.02 mm/h) the so-called aceton method was further developed. This method is based on conductivity measurements. In a field consisting of four cooling towers precipitation measurements were made. From these experiments conclusions on the intensity and the range of precipitation were obtained. On the average, the maximum of precipitation was observed at distances between 2 and 4 cooling tower heights. The position of the precipitation maximum originating from the superposition of several cooling tower plumes depends on the wind speed.

There is a satisfactory agreement between the theoretical precipitation intensities for variable air temperatures and humidities *and* experimental data.

From these investigations and the statistical analysis of meteorological observations the frequencies of the occurrence of cooling tower precipitation and the frequencies of certain precipitation thresholds being exceeded as a function of direction and distance are obtained.

The presentation of the frequencies of excess intensities are important for an optimum design of cooling towers, overhead line switch installations, and for safety on roads.

In the inland flat country of the GDR there is a minimum number of excess frequencies to the NW and S of cooling towers.

1. Einleitung

Die in der Nähe von Naßkühltürmen, besonders in der kühlen Jahreszeit, auftretenden Niederschläge können zu nachteiligen Umweltbeeinflussungen führen. Dazu zählen z. B. eine durch Nässe oder Glätte hervorgerufene Gefährdung der Verkehrssicherheit auf angrenzenden Straßen, eine Verminderung der Betriebssicherheit elektrischer Freiluftanlagen durch Isolationsminderung, verstärkte Korrosionseffekte und teilweise auch eine Beeinträchtigung der Nutzung der Umgebung. Untersuchungen von Kühlturmniederschlägen wurden erst in geringem Umfang durchgeführt, wobei meist weniger die Umgebungsbeeinflussung, sondern konstruktive Kühlturmprobleme zur Verringerung des Wasserverlustes infolge Tröpfchenauswurfs im Vordergrund standen. Im folgenden wird über einige theoretische, experimentelle und häufigkeitsstatistische Untersuchungen von Kühlturmniederschlägen berichtet, die für die Ermittlung einer optimalen Bauanordnung zwischen Kühltürmen und elektrischen Freiluftanlagen vorgenommen wurden.

2. Theoretische Untersuchungen

Der Niederschlag in der Umgebung der Kühltürme besteht aus zwei Anteilen:

a) Direkter Tropfenauswurf (Sprühverlust)

b) Niederschlagsbildung durch Kondensation der emittierten Dampfschwaden (Nachkondensation).

* Vortrag gehalten auf der Tagung „Die Atmosphäre als Umweltfaktor" Potsdam, 18.–20. 11. 1974

Der Umfang des Tropfenauswurfes ist vom Kühlturmtyp abhängig, beträgt aber im allgemeinen 0,05 bis 0,15% der umlaufenden Wassermenge [1]. Die Durchmesser der größten Tropfen liegen nicht wesentlich über 1,2 mm [2]. Die Naturzugkühltürme in der DDR sind nicht mit Tropfenabscheidern ausgerüstet.

Der durch Nachkondensation des emittierten Dampf- Luft-Gemisches entstehende Niederschlag besteht zum größten Teil aus Wolkentröpfchen mit Durchmessern $< 0{,}2$ mm.

Rate und Reichweite der Kühlturmniederschläge können unter vereinfachenden Annahmen abgeschätzt werden. Einflußfaktoren sind im wesentlichen:

a) Kühlturmtyp (Form, Höhe, Durchmesser, Betriebsdaten)
b) Außenlufttemperatur
c) Außenluftfeuchtigkeit
d) Windgeschwindigkeit
e) Windrichtung
f) Meteorologische Stabilitätsverhältnisse
g) Gebäudeeinflüsse

Der durch Tropfenauswurf und Nachkondensation bedingte Kühlturmniederschlag erstreckt sich über größere Entfernungen. Ein großer Teil der Wassertröpfchen ist so klein, daß ihre die Fallgeschwindigkeit vernachlässigbar wird. Die Tröpfchen gelangen auf Grund der atmosphärischen Turbulenz zum Boden. Die rechnerische Ermittlung des Kühlturmniederschlages ist mit Hilfe thermodynamischer Betrachtungen für vorgegebene meteorologische Bedingungen möglich.

Der durchschnittliche maximale Kühlturmniederschlag errechnet sich unter Zugrundelegung einer Theorie von *Overcamp* [3] nach Gleichung (1)

$$r[\text{mm/h}] = \frac{33(m+1)\,\varrho_2\left(\frac{\pi}{4}D^2\right)v_L}{\varrho_w H^2}. \tag{1}$$

Hierbei ist: r = Kühlturmniederschlag in mm/h
m = Mischungsfaktor (abhängig von der Windgeschwindigkeit und von den Kühlturmparametern)
ϱ_2 = Dichte des Wasserdampf-Luft-Gemisches an der Kühlturmmündung in kg/m^3
ϱ_w = Dichte des Wassers in kg/m^3
D = Durchmesser der Kühlturmmündung in m
H = Kühlturmhöhe in m
v_L = Differenz zwischen spezifischer Feuchte des Wasserdampf-Luft-Gemisches nach der Durchmischung am Pkt. x und der spezifischen Feuchte der Außenluft

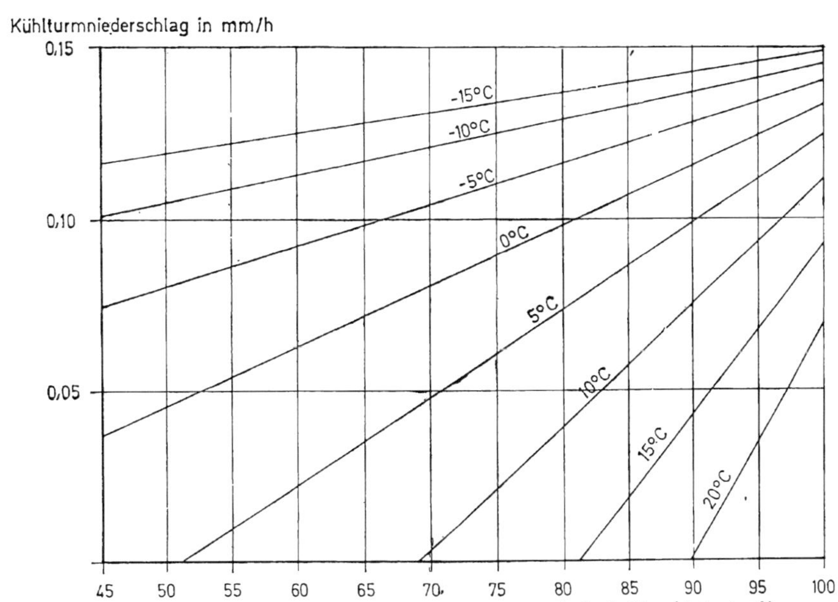

Abb. 1. Kühlturmniederschlag in Abhängigkeit von der Außenluftfeuchtigkeit und der Außenlufttemperatur (Programm *Tower*)

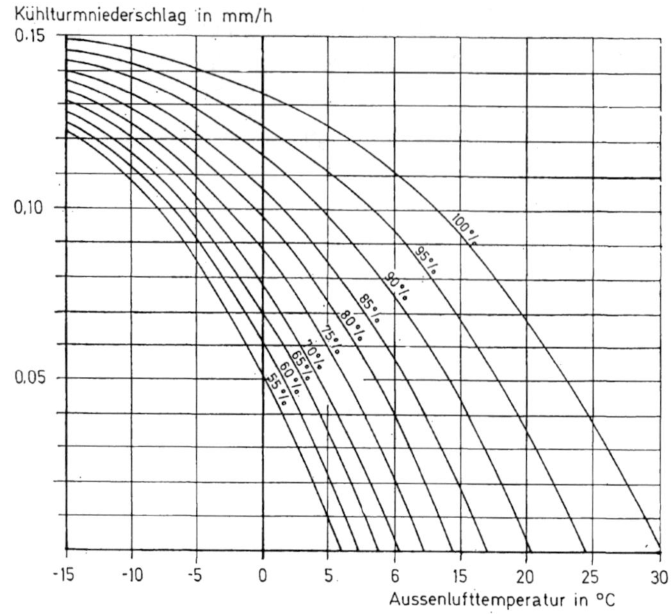

Abb. 2. Kühlturmniederschlag in Abhängigkeit von der Außenlufttemperatur und der Außenluftfeuchtigkeit (Programm *Tower*)

Der durchschnittliche maximale Kühlturmniederschlag für einen Großkühlturm ohne Tropfenabscheider in Abhängigkeit von der Außenlufttemperatur und -feuchte wird in den Abbildungen 1 und 2 wiedergegeben.

Die Abhängigkeit der Niederschlagsrate von der Außenluftfeuchtigkeit nimmt mit sinkender Temperatur merklich ab. Es sind die Grenzen ersichtlich, bei denen kein Niederschlag mehr auftritt.

3. Experimentelle Untersuchungen

3.1. Meßmethode

Die zu messenden Niederschlagsintensitäten sind kleiner als 0,5 mm/h und liegen meist unter 0,1 mm/h. Für diese geringen Intensitäten sind die üblichen meteorologischen Meßmethoden ungeeignet, da Gefäßbenetzungen und Verdunstungen extrem hohe Meßfehler bedingen würden. Zur Bestimmung der Niederschlagsrate war

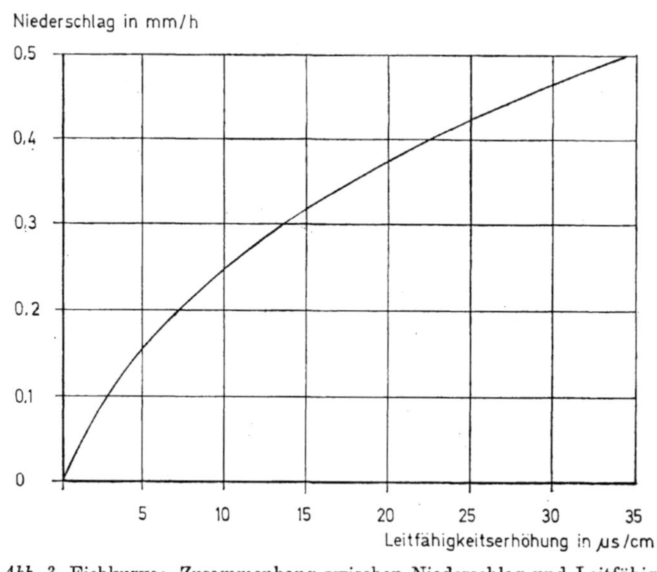

Abb. 3. Eichkurve: Zusammenhang zwischen Niederschlag und Leitfähigkeitserhöhung des Acetons (Acetonmenge: 100 ml, Expositionszeit: 15 min, Auffangfläche: 180 cm²)

deshalb die Erarbeitung und Erprobung einer indirekten Methode erforderlich. Nach zahlreichen Vorversuchen erwies sich die sogenannte Acetonmethode als geeignet [4]. Die Niederschlagsintensität wird über die Leitfähigkeitsveränderung von Aceton ermittelt. Eine definierte Acetonmenge (im vorliegenden Fall 100 ml) wird den Kühlturmniederschlägen ausgesetzt und im Labor mit NaCl übersättigt. Die von der Probe aufgenommene Wassermenge bewirkt eine Leitfähigkeitserhöhung (s. Eichkurve Abb. 3). Es war nur eine 15-minütige Expositionszeit einer Schale von 180 cm² Auffangfläche erforderlich. Die Aufstellhöhe betrug 25 cm über Grund. Die hierbei erreichbare Nachweisbarkeitsgrenze liegt bei 0,02 mm/h Niederschlag.

Da das Aceton auch Wasserdampf aus der Luft bindet sowie in Abhängigkeit von der Windgeschwindigkeit verdunstet, wurden zeitgleich außerhalb des Niederschlagsbereiches stets sogenannte „Nullproben" gewonnen. Mittels der Nullproben konnten beide Störfaktoren eliminiert werden.

3.2. Meß- und Auswertungsergebnisse

In den Wintern 1972/73 und 1973/74 wurde an 38 Tagen mit 148 Meßreihen die Niederschlagsintensität im Lee eines aus 4 modernen Kühltürmen bestehenden Kühlturmfeldes teilweise bis in Entfernungen von über 1 km gemessen. Die Höhe der Kühltürme beträgt 113 m, der obere Durchmesser 50 m und der Wasserdurchsatz 28000 m³ pro Stunde und Kühlturm. Pro Meßreihe wurden 6–10 Einzelproben gewonnen. Von 1088 gemessenen Einzelwerten lagen 9 über 0,4 mm/h, der Maximalwert betrug 0,48 mm/h. (Volle Leistung des Kraftwerkes, Überlagerung mehrerer Kühlturmfahnen, 0 °C, leichter Nebel).

Ein direkter Vergleich der bei verschiedenen meteorologischen Bedingungen und Kraftwerksleistungen gewonnenen Meßwerte ist nicht möglich. Eine Vergleichsbasis wurde durch Umrechnung aller Einzelwerte auf die Bedingungen 0 °C und 90% relative Feuchte mit Hilfe der Bilder 1 und 2 erzielt. Ferner wurde gefunden, daß zwischen Kraftwerksleistung und Niederschlagsintensität im interessierenden Leistungsbereich ein linearer Zusammenhang besteht. Die folgenden Aussagen wurden daher einheitlich auf 0 °C, 90% relative Feuchte und 500 MW KW-Leistung bezogen.

Die Darstellung des durchschnittlichen Kühlturmniederschlages in Abhängigkeit von der Entfernung (Abb. 4) basiert auf der Mittelung über sämtliche Versuche, wobei der Einfluß der Windgeschwindigkeit zunächst unberücksichtigt blieb. Diese experimentell ermittelte Funktion bestätigt die Angaben von *Overcamp* [3], daß das Niederschlagsmaximum in Entfernungen von 2–4 Kühlturmhöhen (H = 113 m) auftritt.

Es ist naheliegend, daß hierbei ein Einfluß der Windgeschwindigkeit besteht. Deshalb wurden die Meßwerte in 3 Teilkollektive, entsprechend den Windstärken 1 und 2, 3 und 4 sowie ≧ 5 unterteilt:

Bei geringen Windgeschwindigkeiten, Windstärken 1 und 2, ergab sich ein ausgeprägtes 1. Maximum in rund 100 m und ein wesentlich schwächeres in 300 m Entfernung (Abb. 5). Das Hauptmaximum mit fast 0,22 mm/h sowie das Nebenmaximum erklären sich durch Überlagerungen von mehreren Kühlturmfahnen

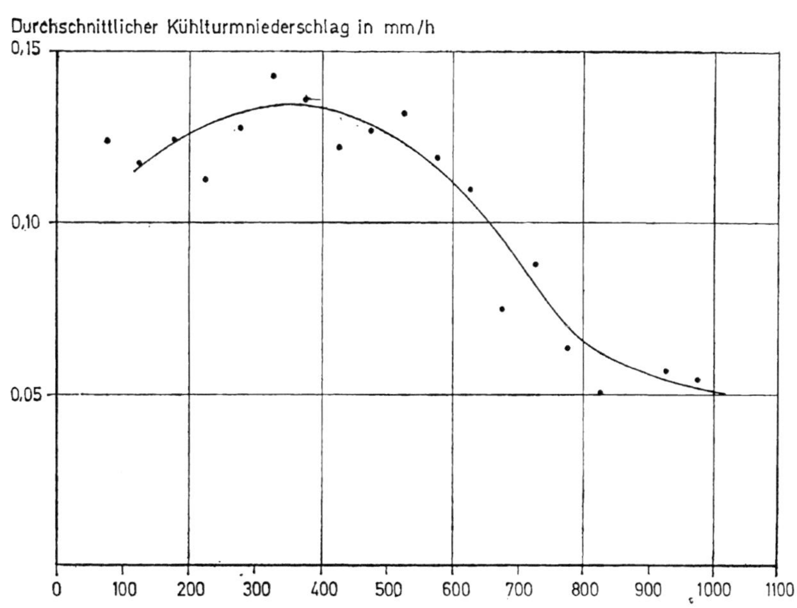

Abb. 4. Durchschnittlicher Kühlturmniederschlag in Abhängigkeit von der Entfernung zum Kühlturmfeld für 0 °C und 90% Luftfeuchte (Mittel über sämtliche Versuche)

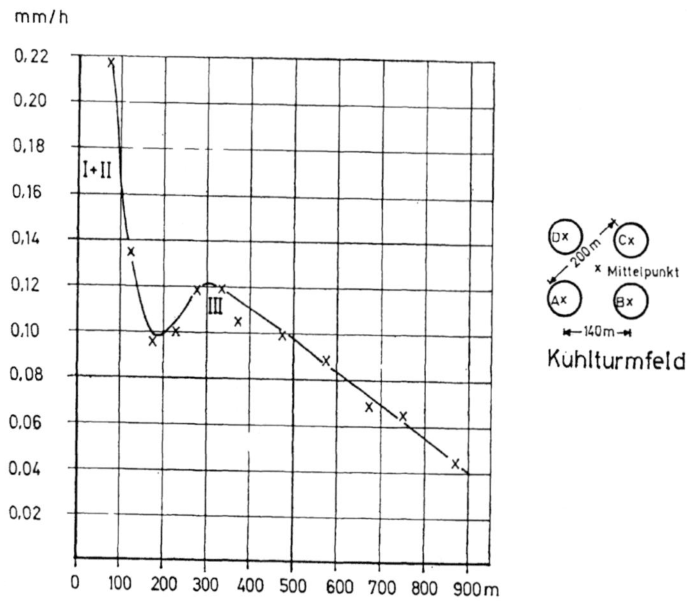

Abb. 5. Kühlturmniederschlag in Abhängigkeit von der Kühlturmentfernung bei Windstärken 1+2

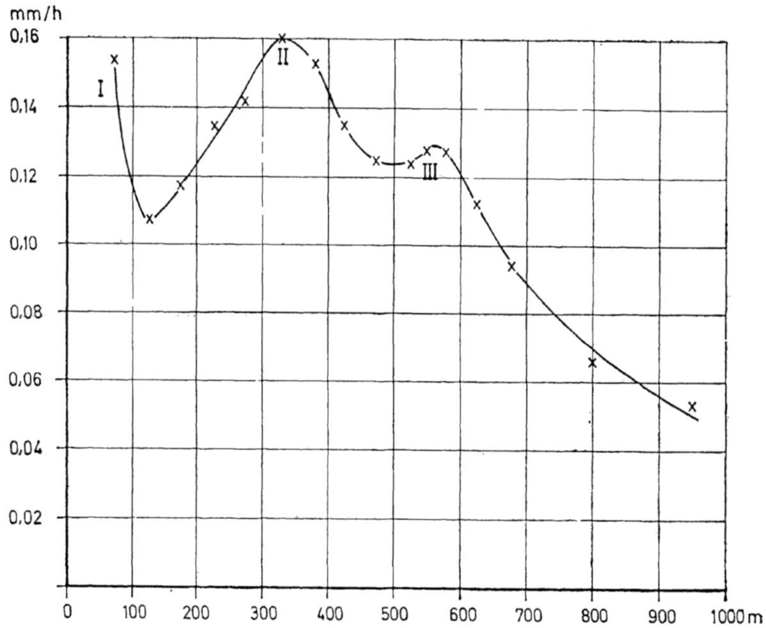

Abb. 6. Kühlturmniederschlag in Abhängigkeit von der Kühlturmentfernung bei Windstärken 3+4

(z. B. bei Südwestwind jene der Kühltürme A und C). Das kühlturmnahe Maximum ist vermutlich bedingt durch ausgeworfene größere Tröpfchen, die eine hohe Fallgeschwindigkeit besitzen.

Abb. 6 zeigt die Entfernungsabhängigkeit für mittlere Windstärken (3 und 4). Wir sehen zunächst einen markanten Abfall von einem ersten Niederschlagsmaximum, das durch großtropfigen Auswurf bedingt ist. Danach wurden 2 weitere Maxima festgestellt, zwischen 300 und 350 m (II) und in 550–600 m (III) Entfernung, d. h., in einer Entfernung von 2–4 Kühlturmhöhen vom jeweils emittierenden Kühlturm aus gerechnet. Sie entstehen ebenfalls durch Überlagerungen mehrerer Kühlturmfahnen.

Für höhere Windstärken (>5 Beaufort) liegen die Maxima mit 450 bzw. 600 m Entfernung etwas außerhalb des Bereiches von 4 Kühlturmhöhen (Abb. 7). Für 900 m Entfernung wurden nach den gezeigten graphischen Darstellungen noch folgende mittlere Niederschlagsintensitäten ermittelt:

Windstärke	1 und 2	0,04 mm/h
"	3 und 4	0,055 mm/h
"	≧ 5	0,07 mm/h

In Entfernungen >1 km fanden nur vereinzelte Messungen statt; Mittelwertbildungen wurden deshalb nicht durchgeführt. An 2 Meßtagen wurden auch in 2 km Entfernung noch „spürbare" Niederschlagsintensitäten festgestellt. „Spürbare" bedeuten hierbei mindestens 0,005–0,01 mm/h; durch sie wird nach *Chilton* [5] noch ein prickelndes Gefühl auf der Haut erzeugt.

Mehrmals wurde auch beobachtet, daß nur in unmittelbarer Kühlturmnähe Niederschlag auftrat. In diesen Fällen durchstieß die Kühlturmfahne eine niedrig gelegene Inversionsschicht und löste sich oberhalb von ihr auf.

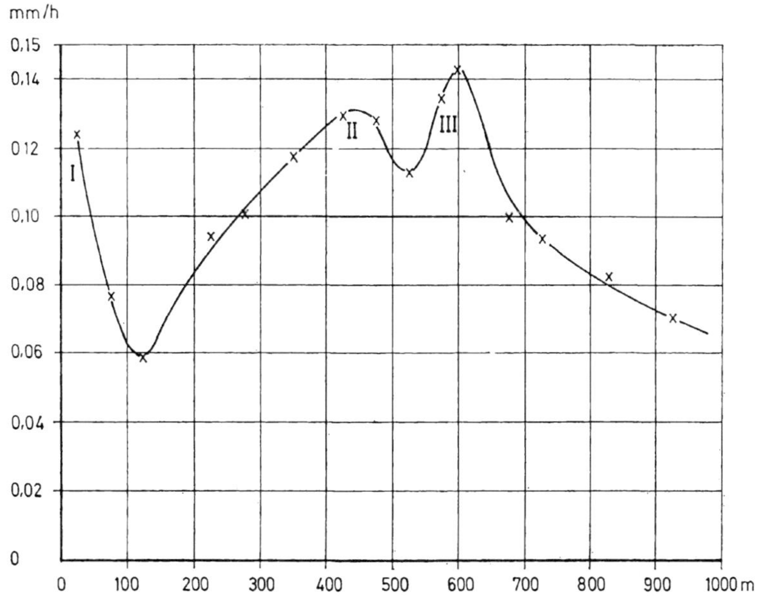

Abb. 7. Kühlturmniederschlag in Abhängigkeit von der Kühlturmentfernung bei Windstärken 5+6

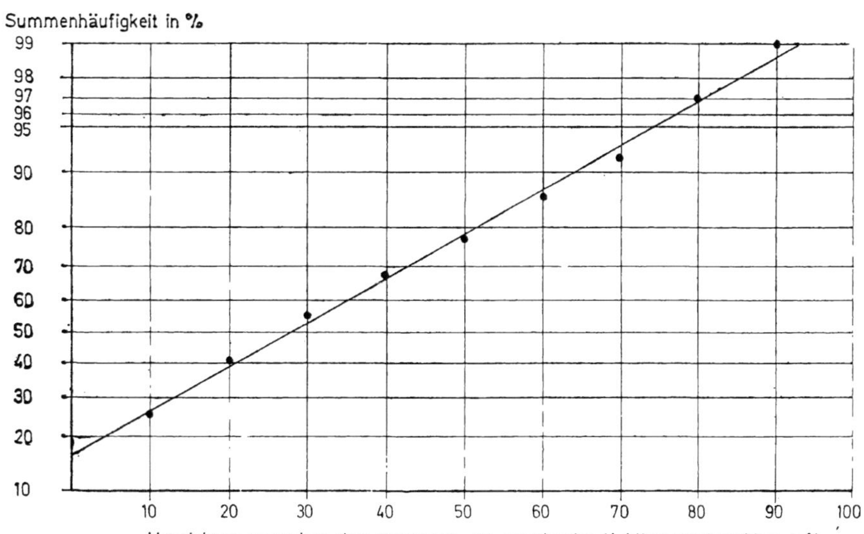

Abb. 8. Summenhäufigkeit der Abweichung zwischen dem gemessenen und dem errechneten Kühlturmniederschlag

4. Vergleich Theorie – Experiment

Der Vergleich zwischen den Meßergebnissen und den ermittelten theoretischen Werten ergibt eine relativ gute Annäherung, obwohl die Meßwerte an einem Kühlturmfeld gewonnen wurden. Die Summenhäufigkeit der Abweichungen zwischen den gemessenen und errechneten Kühlturmniederschlägen ist in Abb. 8 dargestellt. Vor der Aufstellung des Diagramms wurde von den gesamten Meßserien jeweils der Niederschlag für die Entfernung von 2–4 Kühlturmhöhen ermittelt, und mit den errechneten Resultaten verglichen.

Nach Bild 8 beträgt die Abweichung zwischen gemessenem und errechnetem Niederschlag in rund 80% aller Fälle weniger als 50%. Bedenkt man, daß in einem Kühlturmfeld immer Überlagerungseffekte bzw. gegenseitige Beeinflussungen vorhanden sind, sind die Ergebnisse dieses Vergleiches als gut einzuschätzen.

5. Häufigkeitsanalyse der Niederschläge in der Kühlturmumgebung

Als Ausgangsmaterial für häufigkeitsstatistische Untersuchungen der Niederschläge im Lee eines modernen Kühlturmes wurden meteorologische Beobachtungen (Terminbeobachtungen von Temperatur, relativer Feuchte Windrichtung und Windgeschwindigkeit) von 16 Jahren herangezogen. Alle folgenden Intensitätsangaben gelten für einen im Binnenflachland der DDR auf ebenem Gelände stehenden Kühlturm obengenannten Typs. Der nach *Overcamp* berechnete Maximalniederschlag beträgt unter diesen Voraussetzungen für einen Kühlturm 0,15 mm/h. Das aufgestellte Rechenprogramm ermöglicht jedoch auch eine Bestimmung der Niederschlagsintensitäten für andere Kühlturmtypen. Berechnet wurden für 16 Windrichtungen die Niederschlagsintensitäten getrennt für die Monate Oktober bis April.

Die durchschnittliche Niederschlagsintensität für die Kühlturmentfernung 2–4 *H* zeigt Tabelle 1 für die Monate Oktober bis April. In allen Monaten fallen die Maxima auf die Richtungen NNW bis NE, sie liegen im

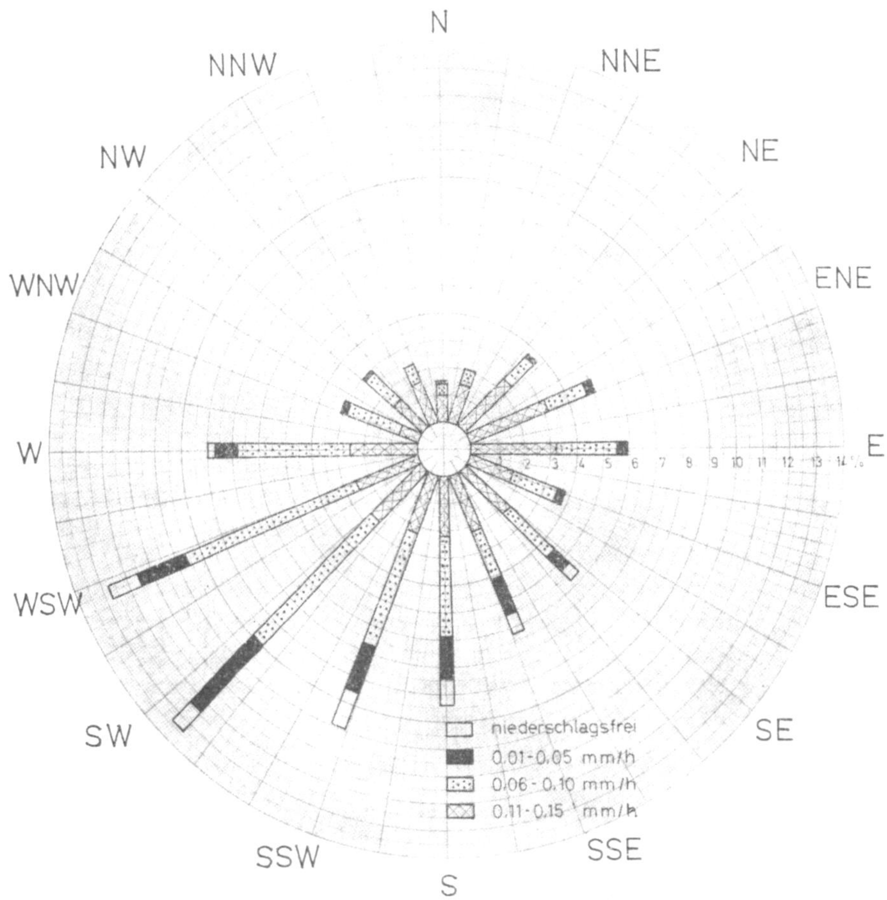

Abb. 9. Häufigkeit von Kühlturmniederschlägen im November in %

Winter über 12×10^{-2} mm/h (d. h. bei etwa 85% des maximal möglichen Niederschlages). Die Minima fallen dagegen stets auf die Windrichtungen SSE bis SW. Sie entsprechen 50–75% der Maximalwerte. Während die Intensitäten in den Wintermonaten nur unwesentlich schwanken, nehmen sie in den Frühjahrsmonaten März und April stark ab.

Tabelle 1

Mittlere Niederschlagsintensität in 10^{-2} mm/h
(Maxima doppelt unterstrichen, Minima einfach unterstrichen)

Windrichtung	Oktober	November	Dezember	Januar	Februar	März	April
Mittel	5,8	9,1	10,6	10,0	10,1	7,8	4,7
N	8,0	10,5	11,6	12,2	12,1	9,1	5,1
NNE	8,5	10,6	12,0	12,6	12,0	10,2	5,0
NE	8,6	10,6	12,0	12,2	11,9	10,0	4,0
ENE	5,9	10,4	11,4	12,1	11,4	8,6	5,1
E	5,2	10,3	11,9	11,8	11,9	8,4	4,0
ESE	6,4	9,4	11,4	11,1	11,0	6,6	3,8
SE	5,8	8,4	10,5	10,0	10,2	7,2	3,4
SSE	6,0	7,4	10,6	10,2	10,1	6,3	3,1
S	5,4	7,6	9,2	8,9	9,0	8,1	3,6
SSW	5,4	6,9	9,2	8,5	8,3	7,0	3,8
SW	4,5	7,1	9,0	8,3	8,8	6,7	3,3
WSW	5,0	7,4	9,1	8,8	8,6	6,5	5,0
W	5,6	8,5	9,2	9,5	9,3	8,4	4,4
WNW	6,0	9,0	10,2	10,1	10,2	7,3	5,3
NW	5,4	9,9	11,1	10,9	11,3	8,5	5,6
NNW	7,5	11,1	11,6	12,0	11,9	9,1	6,2

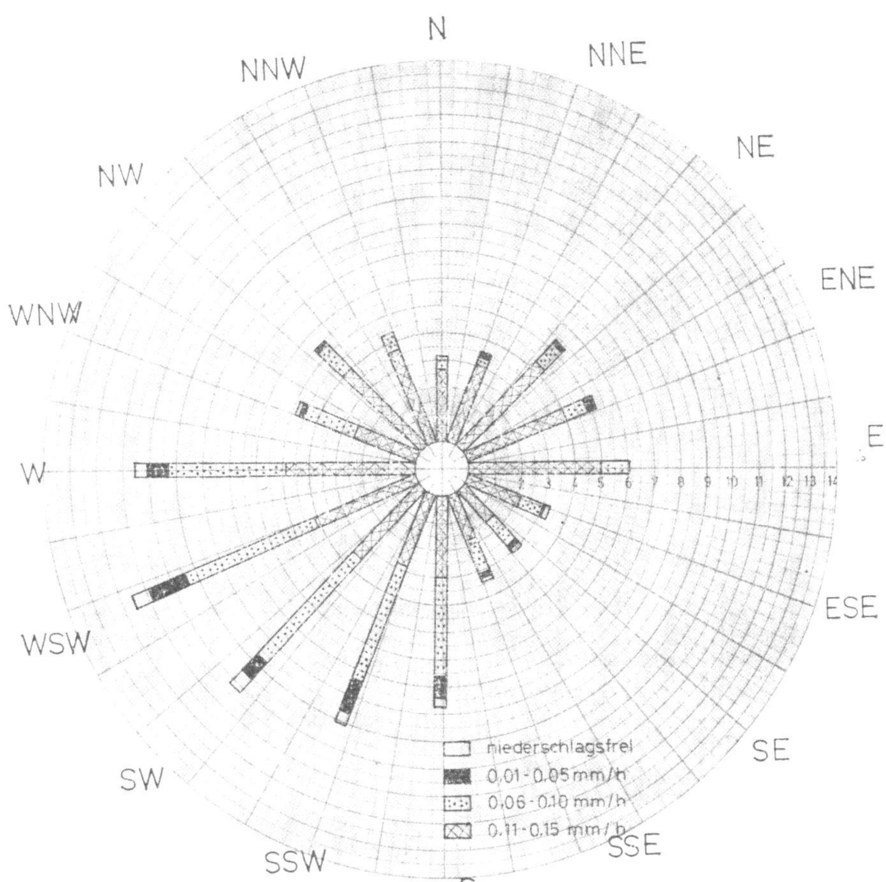

Abb. 10. Häufigkeit von Kühlturmniederschlägen im Februar in %

Tabelle 2

Errechnete Kühlturmniederschlagsintensität in Abhängigkeit von der Windgeschwindigkeit

Windstärke	Vorwinter (X–XI)	Winter (XII–II)	Nachwinter (III–IV)
	10^{-2}mm/h	10^{-2}mm/h	10^{-2}mm/h
0	9,5	11,9	7,7
1	8,3	11,1	6,8
2	6,8	10,7	6,6
3	6,8	9,8	6,0
4	5,2	8,8	5,5
5	3,8	8,2	5,5
6	4,0	6,8	5,3
Mittel	7,4	10,2	6,3

Tabelle 2 enthält die mittleren Niederschlagsintensitäten für verschiedene Windstärken. Mit zunehmender Windstärke ergibt sich eine Abnahme der Niederschlagsintensitäten. Die Bilder 9 und 10 demonstrieren die prozentuale Häufigkeit von Kühlturmniederschlägen der Intensitätsstufen niederschlagsfrei, 0,01–0,05 mm/h, 0,06–0,10 mm/h und 0,11–0,15 mm/h. Da in diese Darstellung alle meteorologischen Beobachtungstermine einfließen, ist aus den Bildern gleichzeitig die langjährige Windrichtungsverteilung ersichtlich (Abb. 9 = November, Abb. 10 = Februar). Die Bilder zeigen, daß, auf die Windrichtungswahrscheinlichkeit bezogen, bei NNW- bis E-Winden die hohen Niederschlagsintensitäten stark dominieren; im Gegensatz dazu überwiegen bei südlichen bis westlichen Winden die Intensitätsstufen $\leqq 0,01$ mm/h (s. Schraffuren).

6. Überschreitungswahrscheinlichkeiten vorgegebener Niederschlagsintensitäten

Ausgehend von der Eintrittswahrscheinlichkeit jedes Niederschlagswertes, der Windrichtungshäufigkeit und der Entfernungsabhängigkeit der Niederschlagsintensität wurden für den erwähnten Kühlturmtyp mit einem Rechner Überschreitungshäufigkeiten vorgegebener Intensitätsgrenzwerte für das Binnenflachland der

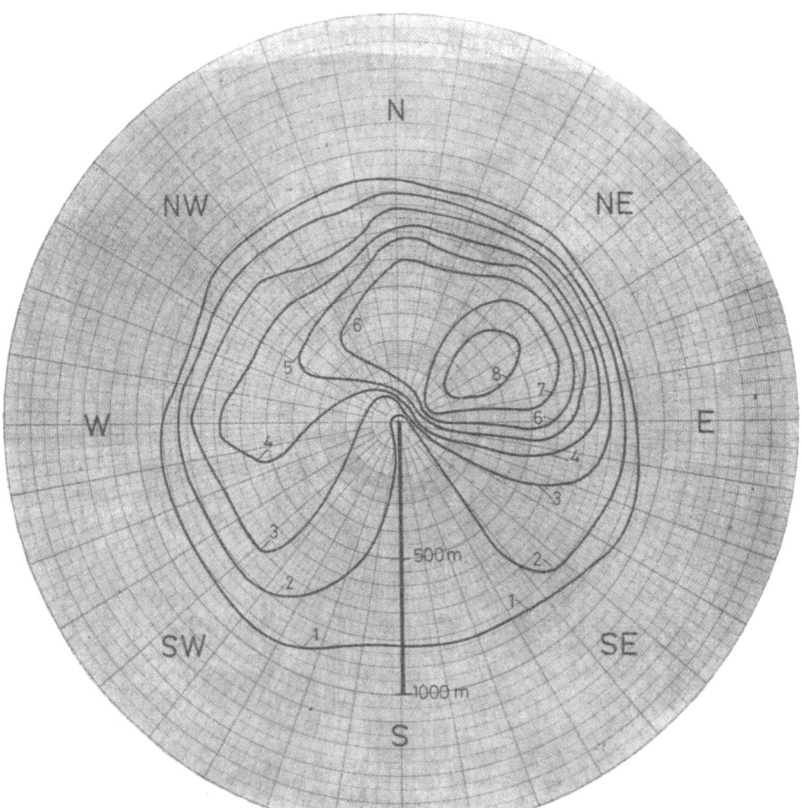

Abb. 11. Überschreitungshäufigkeit des Kühlturmniederschlages 0,05 mm/h für Vorwinter in %

DDR ermittelt. In Entfernungsstufen von jeweils 50 m wurden für die Vorwinterperiode Oktober bis November, die Wintermonate Dezember bis Februar und die Nachwinterperiode März bis April prozentuale Überschreitungshäufigkeiten bestimmt.

Als Beispiele zeigen die Abb. 11 bis 14 Überschreitungshäufigkeiten der Intensitätsstufen 0,05 und – nur für den Winter – 0,12 mm/h.

Für die Überschreitungshäufigkeit $\leq 1\%$ ergeben sich keine wesentlichen richtungsabhängigen Entfernungsunterschiede; doch bereits die 2 %-Isolinie zeigt eine relativ starke Richtungsabhängigkeit mit Senken südlich und – außer im Vorwinter – nordwestlich des Kühlturmes (für den 0,12 mm/h-Grenzwert im ESE und S). Eine sehr starke Richtungsabhängigkeit ergibt sich für Überschreitungshäufigkeiten $\geq 3\%$. Minima ergeben sich wiederum südlich und nordwestlich des Kühlturmes, ausgeprägte Maxima (bis 12%) dagegen nordöstlich und westlich des Kühlturmes.

Für andere Grenzwerte zeigen die für die genannten Perioden gezeichneten Bilder einen ähnlichen Verlauf. Die Überschreitungshäufigkeit 1% für den Grenzwert 0,05 mm/h liegt bei etwa 1 km und für den Grenzwert 0,12 mm/h bei 500–550 m.

Vergleicht man die Abb. 12 und 14 miteinander (Überschreitungshäufigkeiten der Grenzwerte 0,05 bzw. 0,12 mm/h im Winter) ergibt sich im NE des Kühlturmes eine Abnahme von $>12\%$ auf 3%, im W dagegen nur von 6% auf 4%, und südlich bis südwestlich vom Kühlturm ist die Abnahme der Überschreitungshäufigkeit sogar vernachlässigbar gering. Diese Ergebnisse erklären sich dadurch, daß südwestliche Winde sehr häufig auftreten, aber oftmals nur zu geringen Niederschlagsintensitäten führen, während Winde aus dem Ostsektor zwar weniger häufig sind, jedoch oft kalte Luft heranführen, so daß infolge verminderter Verdunstung höhere Niederschlagsintensitäten unter der Kühlturmfahne auftreten (s. Abb. 9 und 10).

Aus diesen Abbildungen läßt sich z. B. ableiten, welches die günstigsten Richtungen für eine Anordnung von Energiefreiluftanlagen in Kühlturmnähe sind, und welche Mindestentfernungen zur Vermeidung von Havarien zu empfehlen sind. Ähnliches gilt auch für Probleme der Straßenverkehrssicherheit in der Umgebung von Naßkühltürmen. Hierfür sind andere Grenzwerte (0,02 oder 0,03 mm/h) zu wählen; da ab jenen Werten mit einem Benetzen der Straßen sowie mit Glättebildung zu rechnen ist.

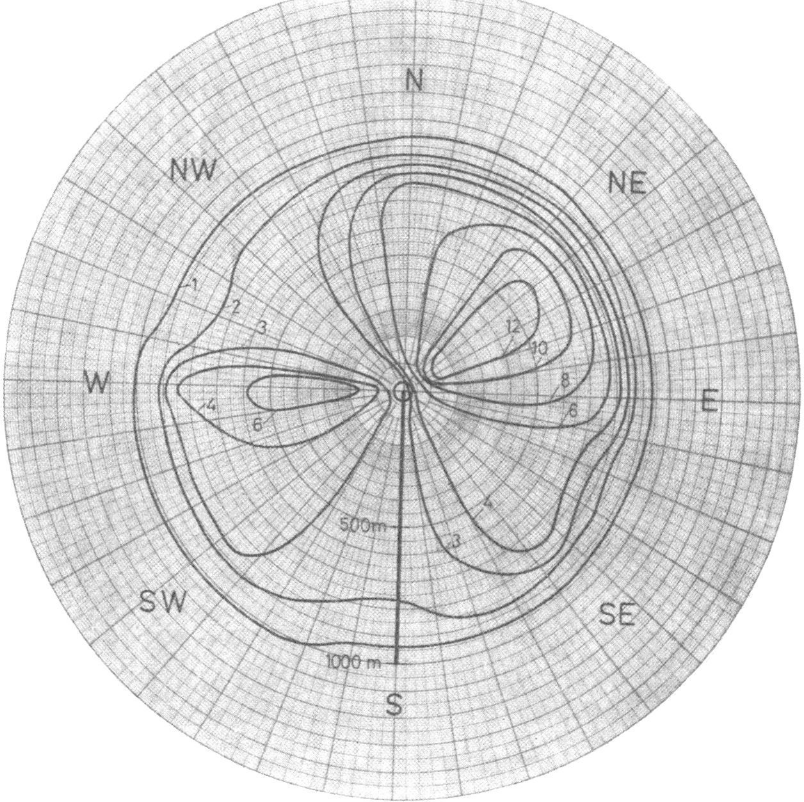

Abb. 12. Überschreitungshäufigkeiten des Kühlturmniederschlages 0,05 mm/h für Winter in %

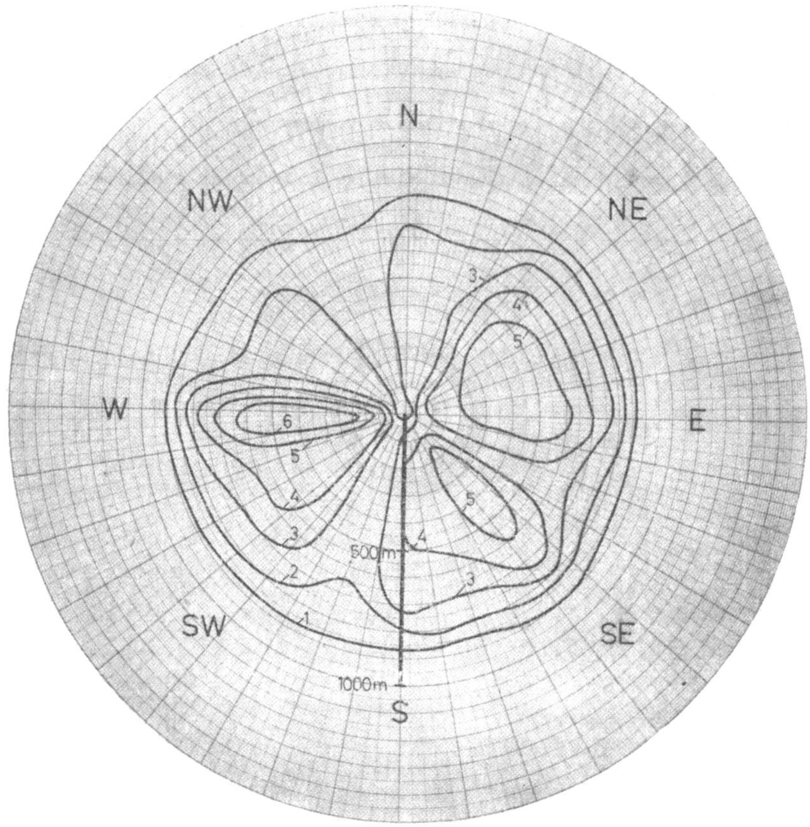

Abb. 13. Überschreitungshäufigkeit des Kühlturmniederschlages 0,05 mm/h für Nachwinter in %

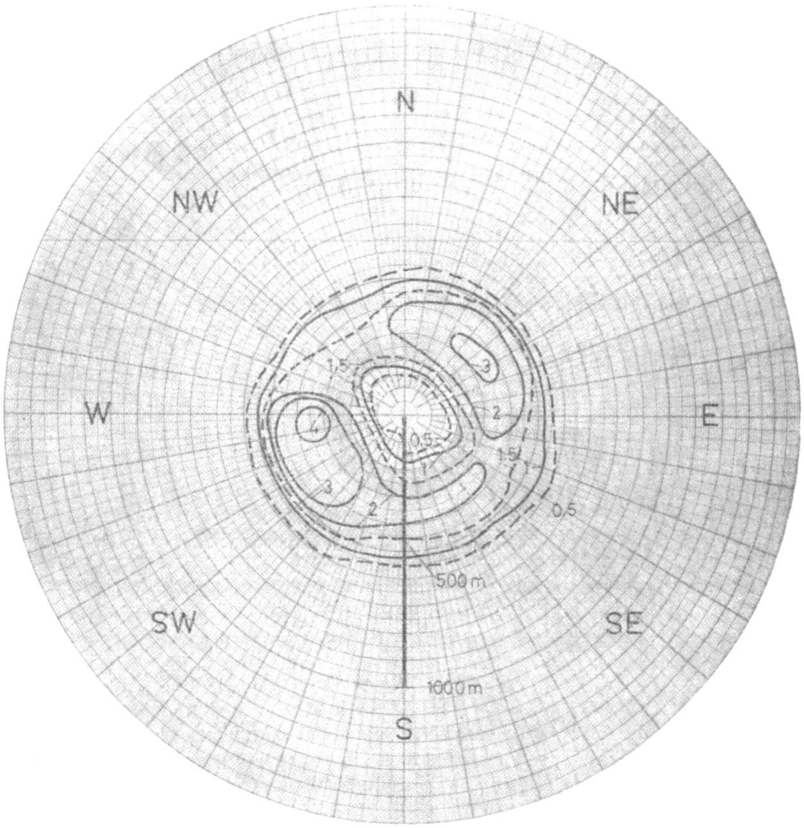

Abb. 14. Überschreitungshäufigkeit des Kühlturmniederschlages 0,12 mm/h für Winter

Literatur

[1] *Henning, H., S. Kliemann:* Niederschlags- und Nebelbildung durch Kühltürme, Energie und Technik *23* (1971) 3, S. 87–89 und (1971) 4, S. 112–115
[2] *Bach, H.:* Nebel- und Glatteisbildung bei Kühlturmbetrieb, Technische Mitteilungen *65* (1972) 5, S. 230–236
[3] *Overcamp, T. J., D. P. Hoult:* Precipitation in the Wake of Cooling Towers, Atmospheric Environment *5* (1971) S. 751–765
[4] *Schiffers, A., F. Flunkert:* Eine neue Methode zur Bestimmung kleinster Niederschlagsmengen im Bereich von Kühltürmen, Energie *23* (1972) 7/8, S. 232–234
[5] *Chilton, H.:* Elimination of Carryover from Packed Towers with Special Reference to Natural Draught Water Cooling Towers, Trans. Instn. Chem. Engrs. *30* (1952) S. 235–250

Anschrift: Dr. rer. nat. Wolfgang Marquardt, 7031 Leipzig, Ratzelstr. 61, Dipl.-Phys. Peter Ihle, 701 Leipzig, Auenstr. 16

551.574.42(430.2)

Neue Ergebnisse über die Messungen der Eisablagerungen in der DDR

Von M. Zerche*

Mit 6 Abbildungen

Zusammenfassung: Nach Erläuterung der Meßmethode werden Häufigkeitsverteilungen der Eisablagerungsarten vorgelegt. Zwischen Binnentiefland und Mittelgebirge der DDR ab 600 m Seehöhe besteht dabei ein wesentlicher Unterschied. Das Mittelgebirge unter 600 m nimmt in dieser Hinsicht eine Übergangsstellung ein.

Die Maximalwerte der Eisablagerungsmenge und -länge aus dem 10jährigen Zeitraum zeigen eine Abhängigkeit von der Windexposition des Standortes und ab 300 m Seehöhe auch noch von der Seehöhe. Die Eisablagerungslängen weisen im Binnentiefland und im Mittelgebirge bis 600 m Seehöhe etwa die gleichen Häufigkeitsverteilungen auf. Das Mittelgebirge $\geq$ 600 m Seehöhe hebt sich deutlich ab. Sonderstellungen nehmen der Brocken und die windgeschützten Standorte ein.

Summary: The author comments on the measuring method and presents frequency distributions on types of ice deposits. There is a remarkable difference between the inland flat country and the GDR Mittelgebirge from 600 m above msl and higher, with the Mittelgebirge in this particular respect taking an intermediary position. The maximum values of ice deposits by quantity and length taken from a 10-year series, reveal a distinct relation to the wind exposure of the observational site and, from 300 m and higher, to the height above msl. The lengths of ice deposits in the inland flat country and in the Mittelgebirge area up to 600 m above msl show about the same frequency regime. The Mittelgebirge above 600 m shows some outstanding features, with the Mt. Brocken and downwind areas taking a very particular position.

1. Einleitung

Die Eisablagerungen haben durch ihre Masse, durch die Vergrößerung der Windangriffsfläche und bis zu einem gewissen Grad auch durch ihren chemischen Anteil an luftfremden Beimengungen große technische Bedeutung. Speziell im Mast-, Turm- und Freileitungsbau sowie auf dem Sektor des Energietransports in Freileitungen besteht ein großes Bedürfnis, genaue Informationen über Häufigkeiten und Höchstwerte von Ablagerungsmengen und -längen sowie über die regionalen Unterschiede im Auftreten dieser Eisablagerungen zu erhalten.

In diesem Zusammenhang sei noch erwähnt, daß dem Studium der Eisablagerungen im Hinblick auf wolkenphysikalische Probleme und spezielle Fragen des Wasserhaushalts und der Forstwirtschaft entsprechende Bedeutung zukommt.

Nachdem im Auftrage des VEB Verbundnetz Elektroenergie-Netzbetrieb Süd über 10 Jahre Messungen der Eisablagerungen nach der Stabmethode an 35 Meßstellen des MD der DDR durchgeführt wurden, sollen einige neue Ergebnisse vorgelegt werden. Erste Ergebnisse aus 5jährigen Messungen wurden bereits veröffentlicht [1].

2. Stabmethode (Meßmethodik)

Als Meßgerät dient ein senkrecht exponierter windrichtungsunabhängiger Meßstab. Er wird auf einem Pfahl in 2 m Höhe über der Erdoberfläche möglichst an einem relativ gut durchlüfteten Standort aufgestellt. Der Meßstab besteht aus Hart-PVC von dunkelbrauner Farbe, weist einen Durchmesser von 3,6 cm und eine Meßlänge von 1,0 m auf. Die Expositionszeit des Stabes beträgt 24 Stunden (von früh 8.30 Uhr bis zur gleichen Zeit des folgenden Tages). Nach Ablauf dieses Zeitintervalls wird der exponierte Stab zur Messung der Ablagerung abgenommen und durch einen anderen gleichartigen ablagerungsfreien ersetzt. Visuell wird die Art der Ablagerung und durch Wägen des mit Nebelfrost, Glatteis u. a. Eisablagerungen besetzten Stabes die Menge der Ablagerung in Gramm bestimmt. Weiterhin werden die größte Ablagerungslänge in radialer Richtung von der Staboberfläche bis zum Endpunkt der Ablagerung und die Richtung festgestellt, aus der sich der überwiegende Teil ablagerte.

3. Die Häufigkeit der Eisablagerungsarten

Außer den unterschiedlichen Arten des Nebelfrostes (Rauhreif, Rauhfrost und Rauheis) setzen sich noch weitere feste atmosphärische Niederschläge, wie Reif, Frostbeschlag, Glatteis und feuchter Schnee, an Gegenständen in der Natur und somit an dem benutzten Meßstab ab. Allerdings treten diese Ablagerungen unter den natürlichen Bedingungen nicht nur in den erwähnten „reinen“ Formen bzw. Arten auf. Durch veränderte Ent-

* Vortrag gehalten auf der Tagung „Die Atmosphäre als Umweltfaktor“ Potsdam, 18.–20. 11. 1974

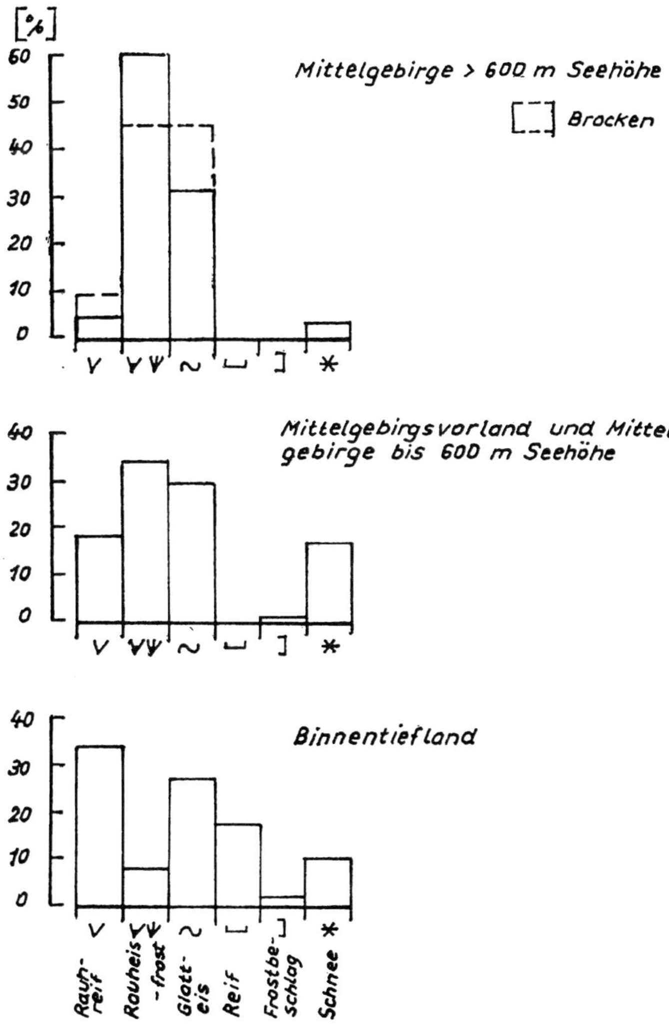

Abb. 1. Häufigkeitsverteilungen der Eisablagerungsarten in %, Ablagerungszeiträume 1963/64 bis 1972/73 (Stabmethode)

stehungsbedingungen, z. B. bei wechselnden Lufttemperaturen und wechselnder Nebel- bzw. Wolkentropfengröße bilden sich verschiedenartige Ablagerungsschichten aus, die durch gewisse Übergangszonen aus Mischformen getrennt sind. Diese Mischformen können bei rasch wechselnden meteorologischen Verhältnissen auch allein vorkommen. Im Binnentiefland herrschen als Eisablagerungen in 2 m Höhe über dem Erdboden Reif und Rauhreif vor, während im Mittelgebirge mit zunehmender Höhe Rauhfrost und Rauheis auf Kosten der anderen Arten zunehmen (Abb. 1). Interessant sind die Häufigkeitsverteilungen der Ablagerungsarten für alle jährlichen Höchstwerte der Mengen, die folgende Unterschiede erkennen lassen (Abb. 2). Der Anteil des Rauhfrostes nimmt – ausgenommen im Binnentiefland – ab, dafür nimmt der des Glatteises beträchtlich zu, in allen Bereichen der DDR erreicht das Glatteis 30% Anteil. Daraus ist ersichtlich, welche große Bedeutung das Glatteis bezüglich der Bildung maximaler Ablagerungsmengen trotz seiner relativ geringen Gesamthäufigkeit erlangt. Das hängt mit seiner hohen Dichte (0,85 bis 0,95 kg/dm³) zusammen. Sie ist die größte von allen Ablagerungen. Im Binnentiefland und Mittelgebirge bis 600 m Seehöhe erhöht sich der Anteil des feuchten Schnees nennenswert (10 bis 17%). Der Anteil des Rauhfrostes und Rauheises zusammen vergrößert sich nur im Mittelgebirge. Allein auf dem Brocken erweisen sich Rauhfrost und Rauheis mit zusammen 45% ebenso häufig wie das Glatteis.

Im Hinblick auf die Eisablagerungsverhältnisse besteht innerhalb der DDR ein wesentlicher Unterschied zwischen Binnentiefland einschl. Mittelgebirge bis ca 600 m sowie dem Mittelgebirge über 600 m Seehöhe darin, daß das Mittelgebirge oberhalb 600 m im Winterhalbjahr sehr häufig von Wolken bei lebhafter Luftbewegung eingehüllt wird (mit der Höhe in zunehmendem Maße), so daß die kompakten Ablagerungen (Rauhfrost, Rauheis und Glatteis) vorherrschen (28 bis 64%, Binnentiefland 17%).

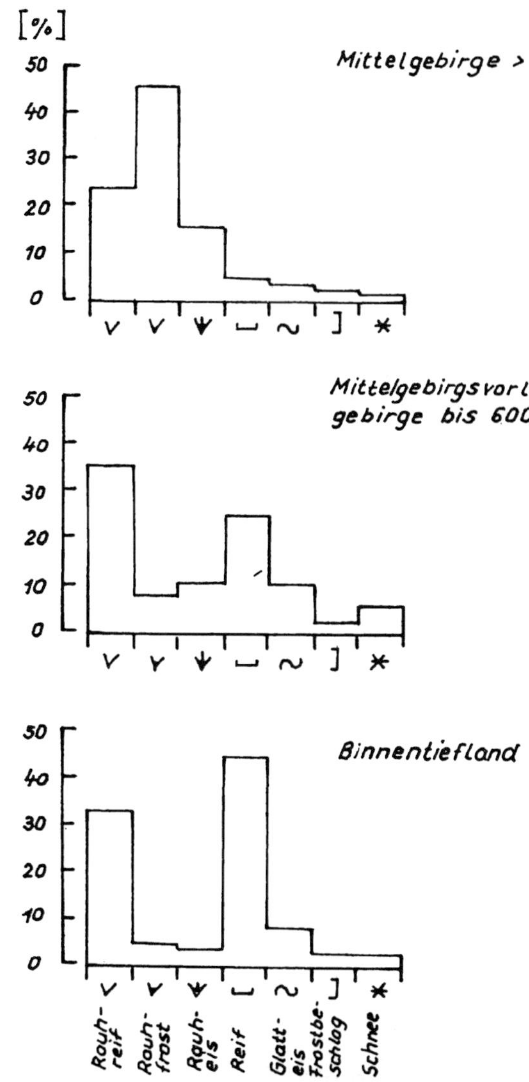

Abb. 2. Häufigkeitsverteilung der Ablagerungsarten für die jährlichen Höchstwerte der Ablagerungsmenge in %, Ablagerungszeiträume 1963/64 bis 1972/73 (Stabmethode)

Im Binnentiefland sind es meist Strahlungs- und nur gelegentlich Mischungsnebel bei negativen Lufttemperaturen, die deshalb nur zu Reif oder Rauhreif, gelegentlich zu Rauheis oder Rauhfrost und bei seltenen speziellen Wetterlagen zu Glatteis führen. Eine weitere technische Bedeutung bezüglich der Energieverluste und des Seiltanzens von Freileitungen kommt noch dem feuchten und anschließend oft gefrierenden Schnee zu, der im Binnentiefland zwar nur 4% aller Ablagerungen ausmacht, aber dennoch zu fühlbaren negativen Auswirkungen im Netzbetrieb der Energieversorgung führt.

4. Maximalwerte der Ablagerungsmenge und -länge

Die im 10jährigen Zeitraum aufgetretenen maximalen Ablagerungsmengen weisen eine Abhängigkeit von der örtlichen Windlage und ab ca. 300 m auch von der Seehöhe auf (Abb. 3). Deshalb betragen z. B. die Maximalwerte in 800 m Seehöhe je nach Standort 150 bis 200 g/Tag. Die gleiche Abhängigkeit zeigen auch die maximalen Ablagerungslängen (Abb. 4). Deshalb erreichen sie je nach lokaler Lage in 800 m noch 2 bis 20 cm/Tag. Das bedeutet, daß in Bodennähe sowohl im Binnentiefland als auch im Mittelgebirge auf engstem Raume nennenswerte Unterschiede bezüglich der Ablagerungslängen und -mengen auftreten können. Die wesentliche Ursache liegt an der standortbedingten Windgeschwindigkeit, die durch Relief, Bewachsung oder Bebauung erhebliche Beeinträchtigungen erfährt und somit bei gleicher Wetterlage gegenüber einem windexponierten Standort sehr stark eingeschränkt sein kann.

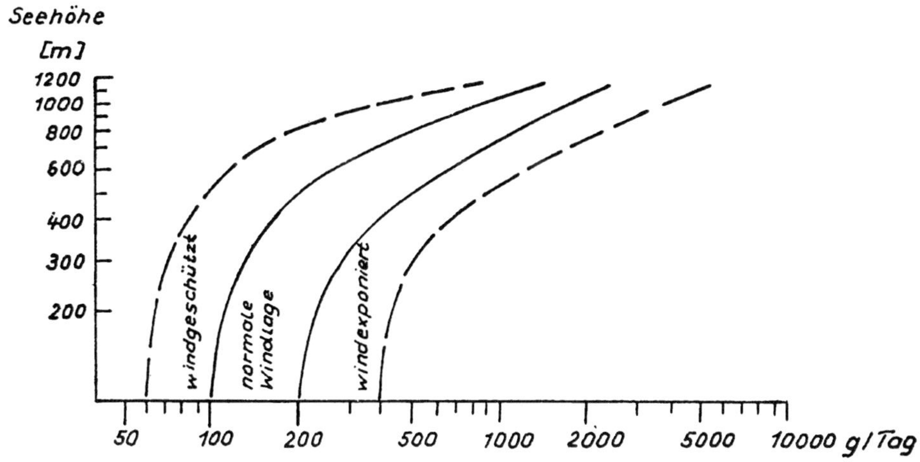

Abb. 3. Maximale Menge der Eisablagerung in Abhängigkeit von Seehöhe und Windexposition, Ablagerungszeiträume 1963/64 bis 1972/73 (Stabmethode)

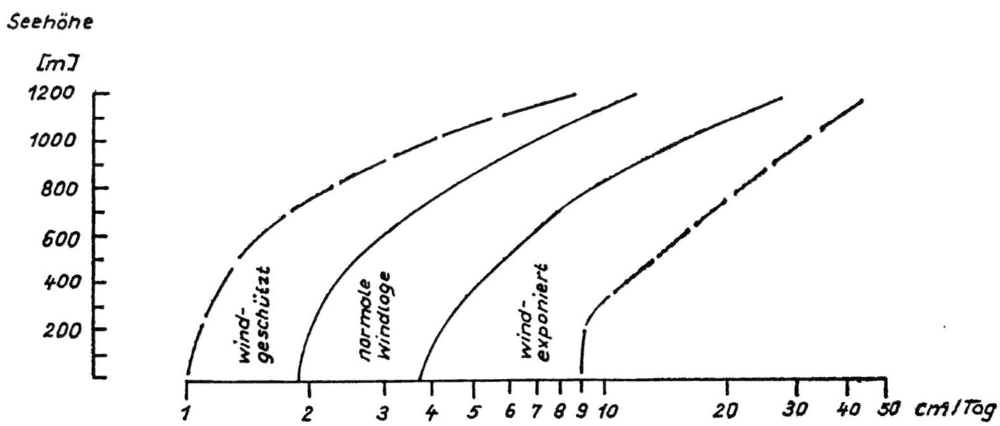

Abb. 4. Maximale Länge der Eisablagerung in Abhängigkeit von Seehöhe und Windexposition, Ablagerungszeiträume 1963/64 bis 1972/73 (Stabmethode)

5. Häufigkeitsverteilung der Ablagerungslängen

Bezüglich der Häufigkeitsverteilungen der Eisablagerungslängen ergeben sich für das Binnentiefland und Mittelgebirge bis 600 m Seehöhe im wesentlichen dieselben Verteilungen. Nur die ausgesprochen windgeschützten Standorte weichen davon nennenswert ab (Abb. 5). Das Mittelgebirge über 600 m Seehöhe (ohne Brocken) unterscheidet sich vom Binnentiefland.

Auch hier heben sich die geschützten Lagen deutlich ab. Eine Sonderstellung nimmt der Brocken ein, der als isoliert hoch herausragender nicht bewachsener Gipfel mit sehr lockerer Bebauung auch in 2 m über Grund extrem windexponiert ist (Abb. 6).

Literatur

[1] *Kolbig, J.* und *T. Beckert:* Untersuchungen der regionalen Unterschiede beim Auftreten von Nebelfrost, Z. Meteor., Bd. 20, H. 1–6 (1968)

Anschrift: Dr. Manfred Zerche, Meteorologischer Dienst der DDR, Hauptamt für Klimatologie, 15 Potsdam, Michendorfer Chaussee 23

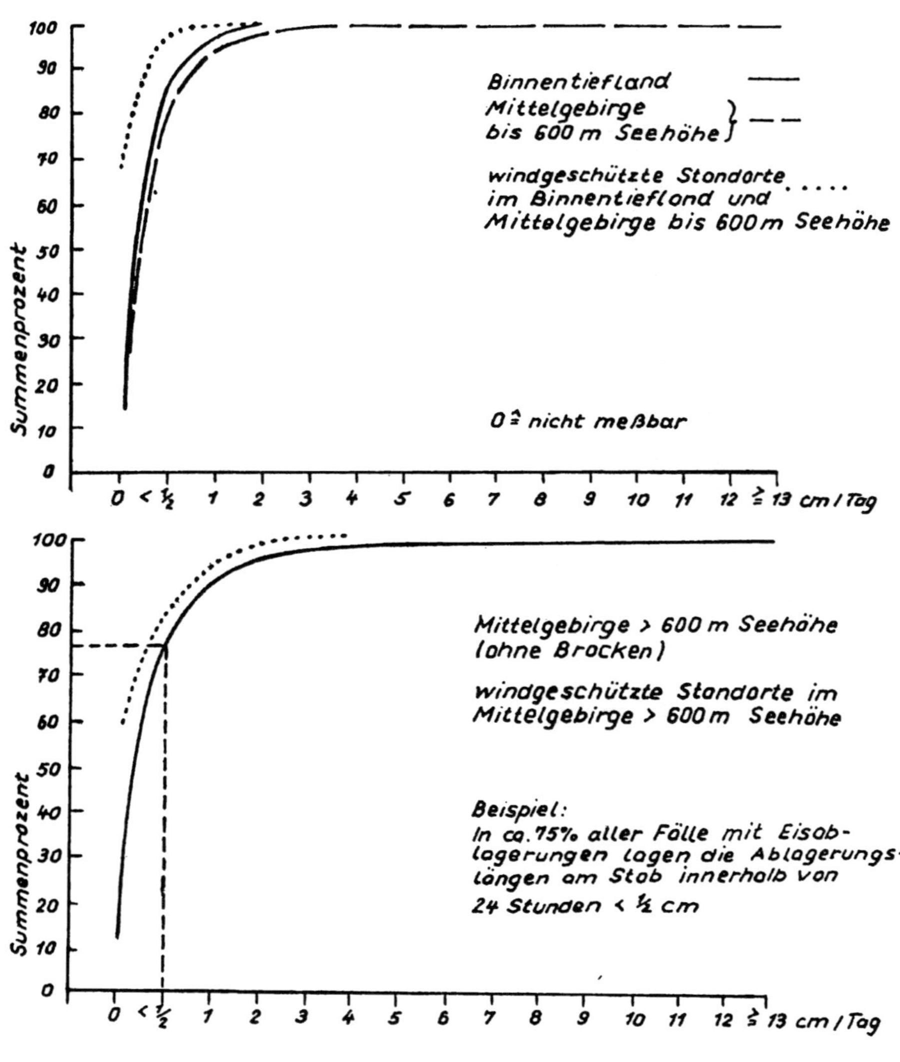

Abb. 5. Häufigkeitsverteilung der Eisablagerungslängen, Ablagerungszeiträume 1963/64 bis 1972/73 (Stabmethode)

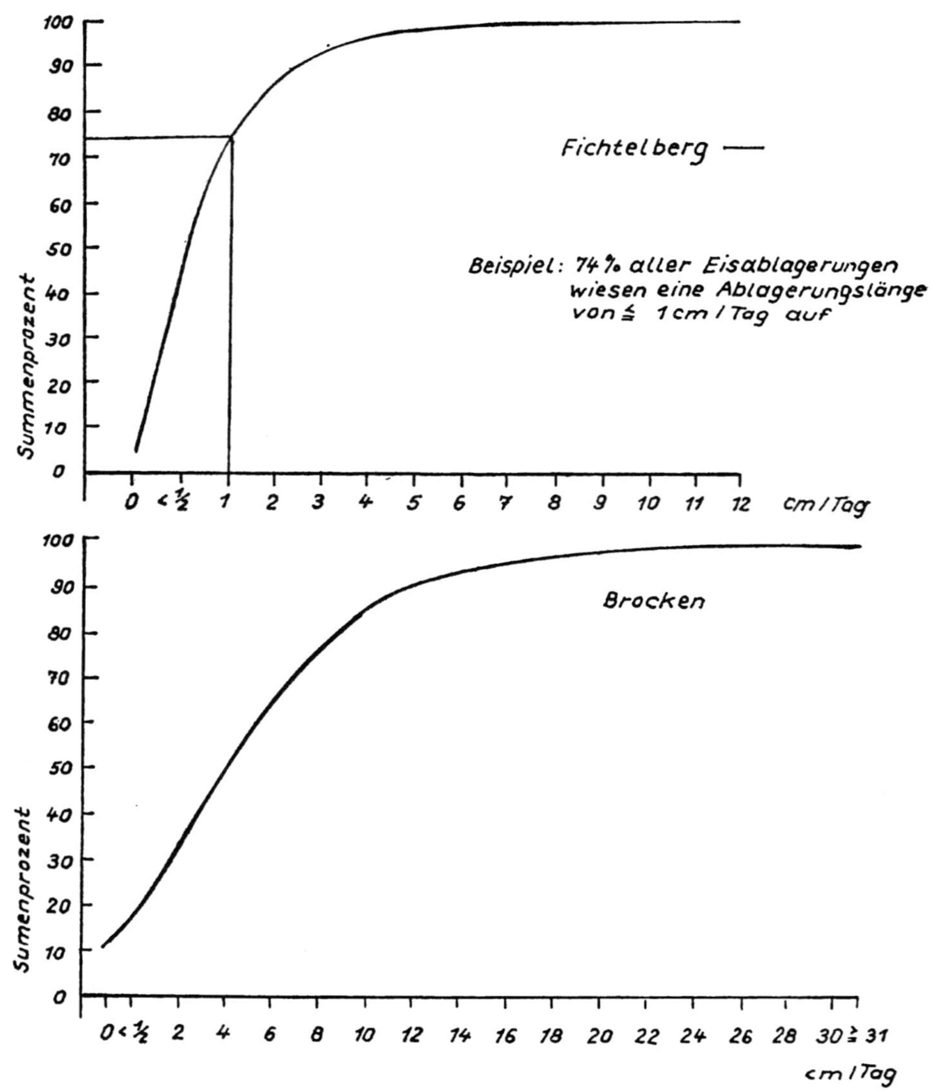

Abb. 6. Häufigkeitsverteilung der Eisablagerungslängen, Ablagerungszeiträume 1962/63 bis 1973/74 (Stabmethode)

551.551.8
551.511.61
551.508.99:533.6.07

Modellierung von Gasausbreitungsvorgängen in der bodennahen Grenzschicht durch Versuche im Windkanal

Von H. Ihlenfeld

Mit 7 Abbildungen

Zusammenfassung: Für die Ermittlung der Schadstoffausbreitung bei komplizierten Randbedingungen sind Modellversuche im Windkanal besonders geeignet. Es werden die Ähnlichkeitsgesetze für turbulente Diffusionsvorgänge abgeleitet und daraus die Ähnlichkeitskennzahlen ermittelt. Eine analog zur turbulenten Reynoldszahl mit dem turbulenten Diffusionsparameter gebildete Kennzahl charakterisiert die turbulenten Mischungsverhältnisse. Messungen in 2 verschiedenen Windkanälen und mit unterschiedlichen Modellmaßstäben bestätigen die Richtigkeit der angegebenen Umrechnungsbeziehungen.

Summary: Model tests performed in the wind tunnel are particularly suitable for determining the pollutant spreading under complex boundary conditions. Similarity laws are derived for turbulent diffusion processes, and from them the characteristic values of similarity are determined. A characteristic value formed analogously to the turbulent Reynolds number with the turbulent diffusion parameter characterizes the turbulent mixing conditions. The correctness of the conversion relations presented is confirmed by measurements carried out in two different wind tunnels and at different model scales.

Обобщение: Для определения распространения вредных веществ в сложных краевых условиях особенно годятся модельные испытания в аэродинамической трубе. Выводятся законы подобия для процессов турбулентной диффузии, а потом из них определяются показатели подобия. Показатель, образованный аналогично числу Рейнольдса турбулентности с параметром турбулентной диффузии, характеризует отношения турбулентного смешивания. Измерения в двух различных аэродинамических трубах, с применением различных модельных масштабов, подтверждают правильность приводимы отношений пересчета.

0. Bezeichnungen

c	$\left[\frac{\text{m}}{\text{s}}\right]$	Strömungsgeschwindigkeit
$c^* = \sqrt{\frac{\tau_w}{\varrho}}$	$\left[\frac{\text{m}}{\text{s}}\right]$	Schubspannungsgeschwindigkeit
D	$\left[\frac{\text{m}^2}{\text{s}}\right]$	Diffusionskoeffizient
H	[m]	Quellhöhe
k	$\left[\frac{\text{m}^3\text{Gas}}{\text{m}^3\text{Gemisch}}\right]$	Konzentration (Volumen)
l	[m]	Bezugslänge
$m = \frac{l_M}{l}$	[–]	Modellmaßstab
n	[–]	Exponent im Geschwindigkeitsprofil
t	[sec]	Zeit
Tu	[–]	Turbulenzgrad
$\dot{V}$	$\left[\frac{\text{m}^3}{\text{s}}\right]$	Volumenstrom
$x \triangleq x_1$, $y \triangleq x_2$, $z \triangleq x_3$	[m]	kartesische Koordinaten
z_0	[m]	wirksame Rauhigkeitshöhe
α	[°]	Winkel
δ	[m]	Grenzschichtdicke
Θ	°C	potentielle Temperatur
$\varkappa$	[–]	Karmansche Konstante
ν	$\left[\frac{\text{m}^2}{\text{s}}\right]$	Zähigkeit
ϱ	$\left[\frac{\text{kg}}{\text{m}^3}\right]$	Dichte

τ_w $\left[\frac{N}{m^2}\right]$ Wandschubspannung

ω $[s^{-1}]$ Winkelgeschwindigkeit der Erdrotation

Indices:

e effektive Größe
G Gas
H in Höhe der Quelle
$k = 1, 2, 3$
$l = 1, 2, 3$
min minimal
M Modell
W turbulente Größe, Wirbel
0 Bezugswert
∞ Grenzschichtrand

Kopfzeiger:

$-$ gemittelte Größe
$'$ turbulente Schwankungsgröße
$\cdot$ Ableitung nach der Zeit

1. Einleitung

Die Reinhaltung der Biosphäre ist heute in den modernen Industriestaaten zu einem entscheidenden Problem geworden, wobei die Lösung der damit zusammenhängenden Aufgaben besonders für die industriellen Ballungsgebiete von Bedeutung ist. Neben der Verschmutzung des Wassers, wirkt vor allem die Verunreinigung der Luft mit Abgasen schädigend auf Menschen, Tiere und Pflanzen.

Um diese Schädigungen gering zu halten oder nach Möglichkeit ganz zu vermeiden, ist einmal die Entwicklung umweltfreundlicher Technologien zur Senkung der Schadstoffmengen notwendig, zum anderen sollen die auftretenden Konzentrationen einen bestimmten Grenzwert nicht überschreiten. Aus ökonomischen und technischen Gründen ist es heute noch oft unvermeidbar, große Mengen an schädlichen Stoffen – wie z. B. das bei der Verbrennung anfallende SO_2 – in die Atmosphäre abzublasen, so daß durch die Vermischung in der Luft die Konzentrationen am Erdboden unter bestimmte zulässige Grenzwerte abgesenkt werden müssen. Dieser als Gasausbreitung oder Verdünnung bezeichnete Vorgang wird zum größten Teil durch die sogenannte turbulente Diffusion in der bodennahen Erdgrenzschicht bewirkt. Wirbel unterschiedlicher Größe sind Ursache für unregelmäßige Schwankungsbewegungen, die sich bei Turbulenz der Grundströmung überlagern und zu einem intensiven Austausch führen.

In letzter Zeit hat die Beschäftigung mit den Problemen des turbulenten Mischens entsprechend der gesellschaftlichen Bedeutung dieser Fragen stark zugenommen. Für relativ einfache Randbedingungen existieren geschlossene Lösungsformeln zur Berechnung der Gasausbreitung. Bei komplizierteren Ausbreitungsbedingungen z. B. infolge des Einflusses der Oberflächenstruktur oder der Temperaturschichtung in der Atmosphäre, ist eine rechnerische Lösung bisher oft nicht möglich, so daß experimentelle Untersuchungen notwendig sind. Dies ist vor allem immer dann der Fall, wenn es zu örtlicher Ablösung der Strömung kommt, wie bei querangeströmten Tälern und Bergen mit Neigungswinkeln größer als 10 bis 15° sowie hinter Bauwerken.

Versuche zur Ausbreitung von Gasen im natürlichen Windfeld sind sehr problematisch, da einmal der Aufwand sehr hoch ist und zum anderen die Versuchsbedingungen nur schwer über die ganze Meßzeit genügend genau einzuhalten sind. Aus diesem Grunde bieten sich die aus anderen Bereichen der Strömungstechnik bekannten Methoden der Modellmessungen auch zur Lösung von Problemen der Ausbreitung von Gasen in der atmosphärischen Grenzschicht an. Dabei sind solche Modelluntersuchungen billiger und schneller durchführbar, und die Versuchsbedingungen sind mit hoher Genauigkeit konstant zu halten. Jedoch müssen die wirkenden Modellgesetze bekannt sein, um die am Modell gewonnenen Ergebnisse auf die Verhältnisse in der Atmosphäre umrechnen zu können, wenn man sich nicht auf vergleichende Betrachtungen beschränken will.

2. Nachzubildende Eigenschaften der bodennahen Erdgrenzschicht

Die Vorgänge in der planetarischen Grenzschicht sind sehr kompliziert und durch viele Einflußfaktoren bestimmt. Bei der Durchführung aerodynamischer Modellmessungen im Windkanal können nicht alle in der Natur ablaufenden Prozesse modelliert werden, so daß nur die für den jeweiligen Vorgang entscheidenden Ähnlichkeitskriterien eingehalten werden. Es ist deshalb sorgfältig zu überprüfen, welche physikalischen Prozesse bei der Untersuchung einer bestimmten Einflußgröße auf die Gasausbreitung von entscheidendem Einfluß sind und welche vernachlässigt werden können. Diese Überlegungen führen zu verschiedenen Teilmodellen, mit nur teilweiser Nachbildung des in Wirklichkeit komplexen Vorganges. So kann z. B. der Einfluß von Bodenhindernissen bei neutraler Schichtung innerhalb der Grenzschicht näherungsweise getrennt von der Wirkung verschiedener Temperaturverteilungen untersucht und danach beide Effekte überlagert werden.

Die turbulente Diffusion in einem strömenden Fluid wird bestimmt durch die Turbulenzeigenschaften des entsprechenden Strömungsfeldes und die Strömungsgeschwindigkeit. Angewendet auf die Gasausbreitung in der bodennahen Erdgrenzschicht folgt daraus, daß das mittlere Windprofil und die turbulenten Eigenschaften des Windes bekannt sein müssen, um ein entsprechendes Modell im Windkanal daraus abzuleiten.

Für das Windprofil existieren verschiedene Ansätze. Beschränkt man sich jedoch im Hinblick auf eine entsprechende Teilmodellierung auf neutrale Schichtung, so gilt auch für das bodennahe Windprofil (z. B. [1] u. [2]) bis etwa 100 m Höhe das bekannte Wandgesetz, wenn auf die Korrektur der Höhenkoordinate z infolge der Rauhigkeit verzichtet wird:

$$\frac{c}{c^*} = \frac{1}{\varkappa} \ln \frac{z}{z_0} \tag{1}$$

Dabei ist c^* die mit der Wandschubspannung gebildete Schubspannungsgeschwindigkeit und $\varkappa$ die Kármánsche Konstante. Abb. 1 zeigt die Anordnung des gewählten Modells für die Ausbreitung aus einer Punktquelle.

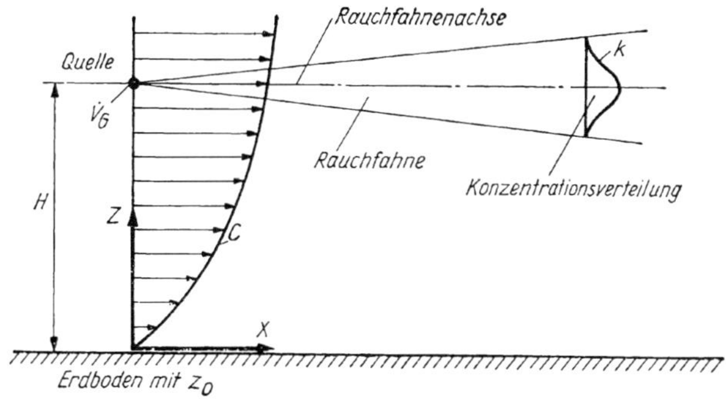

Abb. 1. Skizze zu den Koordinaten und Bezeichnungen

Der Rauhigkeitsparameter z_0 ist abhängig vom Oberflächenzustand (z. B. Bewuchs und Bebauung) bekannt [3]. Bei rauhen Oberflächen kann mit guter Näherung [2] der Exponentialansatz für den gesamten Grenzschichtbereich genutzt werden.

$$\frac{c}{c_1} = \left(\frac{z}{z_1}\right)^{\frac{1}{n}} \tag{2}$$

Der Exponent $\frac{1}{n}$ ist eine Funktion der Rauhigkeit oder, für nicht vollausgebildete Rauhigkeitsströmung, der Reynoldszahl.

Unter der Wirkung der Erdrotation ändert der Vektor der Windgeschwindigkeit abhängig von der Höhe z seine Richtung (Ekman-Spirale). Die dadurch hervorgerufene Winkeländerung ist erst ab Höhen von etwa 100 m nicht mehr zu vernachlässigen. Für den Bereich bis zu ca. 100 m Höhe kann somit das Windprofil mit den einfachen Beziehungen (1) oder (2) wiedergegeben werden.

Die turbulenten Eigenschaften einer Strömung werden üblicherweise beschrieben durch den Turbulenzgrad

$$Tu_k = \sqrt{\frac{\overline{c_k'^2}}{\bar{c}^2}} \tag{3}$$

und die zugehörigen Energiespektren in den drei Koordinatenrichtungen ($k = x$, y oder z). Bei Plattengrenzschichten sind diese Größen noch abhängig vom Wandabstand, entsprechend im natürlichen Windfeld von der Höhenkoordinate z. Messungen in der bodennahen Erdgrenzschicht ergaben zumindest bei neutraler Schichtung einen ähnlichen Verlauf des Turbulenzgrades und des Spektrums über der Grenzschichthöhe wie an rauhen Platten ([4], [5] und [6]). *Counihan* [3] gibt als Mittelwerte über ländlichem Gebiet den Turbulenzgrad in Hauptströmungsrichtung zu $Tu_x = \frac{\sqrt{\overline{c_x'^2}}}{\bar{c}_x} = 0{,}1$ bis 0,2 und über Städten mit 0,2 bis 0,35 an. Ab ca. 100 m Höhe nimmt Tu mit wachsender Höhe ab. Die Komponenten der turbulenten Schwankungsbewegungen verhalten sich dabei etwa wie $\sqrt{\overline{c_x'^2}} : \sqrt{\overline{c_y'^2}} : \sqrt{\overline{c_z'^2}} = 1 : 0{,}75 : 0{,}5$. Somit läßt sich für Modelluntersuchungen bei neutraler Schichtung im Windkanal die bodennahe Erdgrenzschicht bis zu etwa 100 m Höhe annähern durch den oberflächennahen Bereich einer Plattengrenzschicht. Die in dieser Grenzschicht vorhandenen Parameter des turbulenten Strömungsfeldes werden in ihrer Größe und Höhenabhängigkeit bestimmt durch die Rauhigkeit der Plattenoberfläche. Dabei müssen mindestens folgende Größen in der Modellgrenzschicht ähnlich wie in der bodennahen Erdgrenzschicht verlaufen:

– Die mittlere Geschwindigkeit
– Die Turbulenzintensitäten in allen Richtungen
– Die Energiespektren in allen Richtungen.

Ein erhöhter Turbulenzgrad Tu am Grenzschichtrand von ca. 4% bis 8% berücksichtigt die Wirkung der höheren Luftschichten.

3. Modellgesetze für die Vermischung in turbulenten Strömungen

Zur Ableitung der charakteristischen Ähnlichkeitsbeziehungen als Modellgesetze wird ausgegangen von den die Vermischung in turbulenten Strömungen beschreibenden dimensionslosen Differentialgleichungen. Als Faktoren treten in diesen Gleichungen dimensionslose Größen, die sogenannten Ähnlichkeitskennzahlen auf. Dabei werden folgende Vereinfachungen getroffen, die für die im vorigen Abschnitt eingeführte Betrachtung der bodennahen Erdgrenzschicht bis etwa 100 m zulässig sind:

1. Vernachlässigung der Erdrotation
2. Beschränkung auf neutrale Schichtung (Potentielle Temperatur konstant)
3. Der Druckgradient verschwindet, grad $p = 0$.

Damit vereinfachen sich die Navier-Stokesschen Gleichungen zu: (In Tensorschreibweise mit $k, l \triangleq x, y, z$)

$$\frac{dc_k}{dt} = \nu \frac{\delta^2 c_k}{\delta x_l^2} \tag{4}$$

Teilt man die Strömungsgeschwindigkeit c in einen stationären Anteil $\bar{c}$ und einen Anteil c' der turbulenten Schwankungsbewegungen auf, d. h.

$$c_k = \bar{c}_k + c_k' \tag{5}$$

so erhält man aus der Gleichung (4) nach zeitlicher Mittelung:

$$\frac{d\bar{c}_k}{dt} = \nu \frac{\partial^2 \bar{c}_k}{\partial x_l^2} - \frac{\partial(\overline{c_k' c_l'})}{\partial x_l}. \tag{6}$$

Für die Reynoldsspannungen hat sich u. a. der Ansatz mit einem turbulenten Austauschparameter oder einer sogenannten Wirbelzähigkeit ν_w als Proportionalitätsfaktor bewährt, d. h.

$$-\overline{c_k' \cdot c_l'} = \nu_{w_{kl}} \frac{\partial c_k}{\partial x_l} \tag{7}$$

Hierbei ist die Wirbelzähigkeit in Erweiterung der üblichen Ansätze sowohl ortsabhängig als auch veränderlich mit der Richtung angesetzt worden. Im allgemeinsten Fall führt diese Betrachtung für ν_w zu einem Tensor 2. Stufe. In Strömungen mit homogener isotroper Turbulenz reduziert sich ν_w zu einer skalaren Größe.

Damit erhält die Gleichung die Form:

$$\frac{d\bar{c}_k}{dt} = \frac{\partial}{\partial x_l}\left[(\nu + \nu_{w_{kl}}) \frac{\partial \bar{c}_k}{\partial x_l}\right]. \tag{8}$$

Macht man mit den Größen u_0, l und $t_0 = \frac{l}{u_0}$ dimensionslos, so erhält man für den turbulenten Impulsaustausch in x-Richtung als dimensionslose Differentialgleichung, wenn $\nu + \nu_w = \nu_e$ als effektive Zähigkeit eingeführt und auf den Wert ν_{e_0} bezogen wird:

$$\frac{d\left(\frac{\bar{c}_k}{u_0}\right)}{d\left(\frac{t}{t_0}\right)} = \left(\frac{\nu_{e0}}{l \cdot u_0}\right) \frac{\partial}{\partial\left(\frac{x_l}{l}\right)}\left(\left(\frac{\nu_{e_{kl}}}{\nu_{e0}}\right) \frac{\partial\left(\frac{\bar{c}_k}{u_0}\right)}{\partial\left(\frac{x_l}{l}\right)}\right). \tag{9}$$

Als Faktor erscheint eine reziproke Reynoldszahl, die für die turbulente Strömung gebildet mit der effektiven Zähigkeit die Ähnlichkeitskennzahl darstellt

$$\mathrm{Re}_w = \frac{l \cdot u_0}{\nu_{e_0}} = \mathrm{Re} \cdot \frac{\nu}{\nu_{e_0}} \tag{10}$$

Für größere Reynoldszahlen wird $\nu << \nu_w$, so daß näherungsweise auch $\nu_e \approx \nu_w$ gesetzt werden kann.

Soll also der Impulsaustausch in zwei Strömungsfeldern ähnlich verlaufen, so müssen die turbulenten Reynoldszahlen Re_w oder, nach Gleichung (10), die Reynoldszahl Re, gebildet mit der molekularen Zähigkeit und das Verhältnis von ν/ν_{e_0}, in beiden Strömungen übereinstimmen. Weiterhin muß der Verlauf des in den einzelnen Richtungen im allgemeinen unterschiedlichen Wertes der Wirbelzähigkeit über der Grenzschichtdicke für beide Strömungen ähnlich sein. Das bedeutet, die normierten Verteilungen für die Turbulenzgrade und Spektren sind gleich. Bei gewöhnlichen Wandgrenzschichten trifft dies zu, so daß sich als Bezugsgröße ν_{e_0} der über der Grenzschichtdicke gemittelte Wert $\bar{\nu}_e$ anbietet, d. h.

$$\nu_{e_0} = \bar{\nu}_e \cong \bar{\nu}_w .$$

Die Wirbelzähigkeit ν_w beschreibt die Eigenschaften des turbulenten Strömungsfeldes hinsichtlich des Impulsaustausches und stellt somit eine Feldgröße dar, während die molekulare Zähigkeit eine Stoffeigenschaft ist.

Für das Verhältnis von $\frac{\bar{\nu}_w}{\nu}$ hat sich folgender Ansatz bewährt [7]:

(11) $$\frac{\bar{\nu}_w}{\nu} = \frac{\mathrm{Re}}{\mathrm{Re}_{\min}} .$$

$\mathrm{Re}_{\min}$ ist dabei eine Konstante für einen jeweiligen Strömungstyp (z. B. Freistrahl, Nachlauf oder Grenzschicht) und kann als kleinste Reynoldszahl aufgefaßt werden, bei der gerade die turbulente Strömung beginnt.

Ersetzt man $\frac{\nu}{\bar{\nu}_w} \approx \frac{\nu}{\nu_{e_0}}$ in (10) durch die Beziehung (11), so folgt:

(12) $$\mathrm{Re}_w = \mathrm{Re}\,\frac{\mathrm{Re}_{\min}}{\mathrm{Re}} = \mathrm{Re}_{\min} = \text{konst.}$$

Damit führt das Ähnlichkeitskriterium der turbulenten Strömung $\mathrm{Re}_w = \text{konst.}$ zu der gleichen Aussage wie der durch Messungen bestätigte Ansatz für die Wirbelzähigkeit verbunden mit der für reibungsbehaftete Strömungen sonst üblichen Ähnlichkeitsbedingungen $\mathrm{Re} = \text{konst.}$

Entsprechend kann für den Stofftransport in einer turbulenten Strömung für die gleichen vereinfachenden Bedingungen das Ähnlichkeitskriterium abgeleitet werden.

Es ist üblich geworden, den turbulenten Stofftransport analog zur molekularen Diffusion als turbulente Diffusion zu bezeichnen. Dabei wird der turbulente Massenstrom nach dem 1. Fickschen Gesetz proportional dem Konzentrationsgradienten und dem sogenannten turbulenten Diffusionskoeffizienten D_w gesetzt. Im allgemeinen Falle des anisotropen inhomogenen Turbulenzfeldes ist D_w wie ν_w orts- und richtungsabhängig und beschreibt summarisch die Eigenschaften des turbulenten Strömungsfeldes hinsichtlich des Massentransportes. Somit ist der turbulente Diffusionskoeffizient D_w eine Feldgröße wie die Wirbelzähigkeit ν_w. Auf Grund der Erfahrung kann der turbulente Diffusionskoeffizient auf einen Vektor reduziert werden, da nur der durch den turbulenten Austausch bewirkte Massenstrom in den 3 Koordinatenrichtungen zu unterscheiden ist. Unter diesen Voraussetzungen ergibt sich mit $D_e = D_w + D$ als Differentialgleichung für den turbulenten Stofftransport die sogenannte Diffusionsgleichung in Form einer speziellen Fourierschen Transportgleichung. Wegen $D << D_w$ ist für praktische Fälle mit guter Genauigkeit die molekulare Diffusion gegenüber der turbulenten Vermischung vernachlässigbar klein, d. h. es gilt $D_e \cong D_w$. In dimensionsloser Form mit D_{e_0} als Bezugsgröße für die turbulenten Diffusionskoeffizienten, l als Bezugslänge, u_0 als Bezugsgeschwindigkeit und $t_0 = l/u_0$ als Bezugszeit lautet die turbulente Diffusionsgleichung, wenn nur geringe Konzentrationen an Fremdgasen in der Luft vorausgesetzt werden, so daß die Rückwirkung der turbulenten Vermischung auf das Strömungsfeld selbst vernachlässigbar klein ist [8]:

(13) $$\frac{dk}{d\left(\frac{t}{t_0}\right)} = \left[\frac{De_0}{u_0 \cdot l}\right] \frac{\partial}{\partial\left(\frac{x_k}{l}\right)} \left(\frac{De_k}{De_0} \frac{\partial k}{\partial\left(\frac{x_k}{l}\right)}\right).$$

Als charakteristische Ähnlichkeitskennzahl für den Vorgang der Vermischung in einem strömenden Fluid ergibt sich der in eckigen Klammern geschriebene Faktor

(14) $$\left[\frac{u_0\, l}{D_{e_0}}\right].$$

Diese Ähnlichkeitszahl ist bisher nicht besonders benannt. Sie dürfte jedoch für die turbulente Diffusion von analoger Bedeutung sein, wie die turbulente Reynoldszahl für den Impulstransport. Auch hier läßt sich eine Abhängigkeit zur Reynoldszahl $\mathrm{Re} = u_0 \cdot l/\nu$ herstellen

(15) $$\left[\frac{u_0 \cdot l}{D_{e_0}}\right] = \mathrm{Re}\,\frac{\nu}{D_{e_0}} .$$

Für die Diffusion in laminarer Strömung ist das Verhältnis von ν zu D als Schmidtzahl bekannt.

(16) $$\mathrm{Sc} = \frac{\nu}{D} \quad \text{d. h.} \quad \left[\frac{u_0 \cdot l}{D}\right] = \mathrm{Re} \cdot \mathrm{Sc} .$$

Führt man analog das Verhältnis $\nu_e/D_e \cong \nu_w/D_w$ als effektive turbulente Schmidtzahl Sc_w ein, d. h. mit

(17) $$\mathrm{Sc}_w = \frac{\nu_{e_0}}{D_{e_0}}$$

wird

$$\left[\frac{u_0 \cdot l}{D_{e_0}}\right] = \mathrm{Re}_w \cdot \mathrm{Sc}_w \,. \tag{18}$$

Wertet man Untersuchungen von *Siemens* [9] entsprechend aus, so lassen sich die Meßwerte für den Stofftransport in turbulenten Grenzschichten in weitem Bereich durch eine lineare Abhängigkeit von der Reynoldszahl $\mathrm{Re} = u_0 \cdot \delta/\nu$ ordnen (Abb. 2).

$$\frac{\overline{De}}{\nu} = \mathrm{Kon.} \cdot \mathrm{Re}_\delta \tag{19}$$

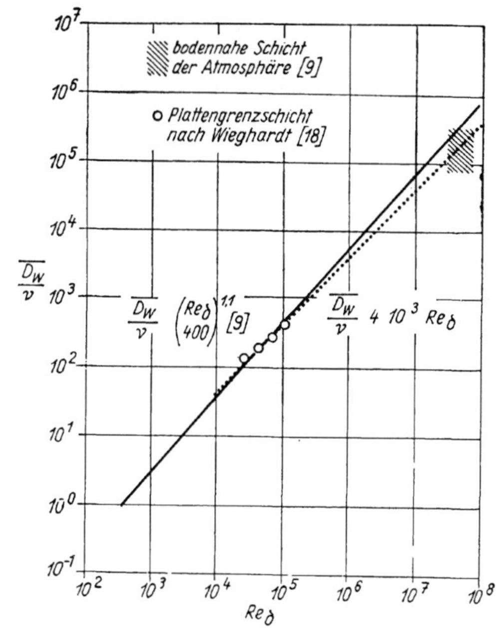

Abb. 2. Abhängigkeit des über der Ausbreitungshöhe gemittelten turbulenten Diffusionsparameters $\overline{D}_w/\nu$ von der Reynoldszahl $\mathrm{Re}_\delta = \frac{c_\infty \cdot \delta}{\nu}$

Wählt man als Bezugsgröße in (14) ebenfalls den in der Gleichung (19) benutzten über der Grenzschichtdicke δ gemittelten turbulenten Diffusionskoeffizienten $\overline{D}_e$, so erhält man für $l = \delta$

$$\left[\frac{u_0 \cdot \delta}{\overline{D}_e}\right] = \frac{1}{\mathrm{Kon.}}\,, \tag{20}$$

d. h. die aus der so definierten Ähnlichkeitskennzahl abgeleitete Bedingung $\left[\frac{u_0 \cdot \delta}{\overline{D}_e}\right] = \mathrm{konst.}$ entspricht der Forderung nach konstanter Reynoldszahl und gleichem Verhältnis von $\overline{D}_e/\nu$ für die zu vergleichenden Strömungen.

Zur vollständigen Übertragbarkeit gehört noch die Forderung nach geometrischer Ähnlichkeit des Strömungsfeldes und seiner Ränder, d. h. für die rauhe Platte folgt daraus als Bedingung, daß die relative Rauhigkeit z_0/δ konstant sein muß.

Damit lassen sich für neutralgeschichtete turbulente Grenzschichten an rauhen Wänden folgende Ähnlichkeitsbeziehungen für zwei zu vergleichende turbulente Diffusionsvorgänge formulieren:

1. Die relative Rauhigkeit muß gleich sein.

$$z_0/\delta = \mathrm{konst.} \tag{21}$$

2. Die turbulente Reynoldszahl muß an ähnlichen Stellen des Strömungsfeldes gleich sein.

$$\mathrm{Re}_w = \frac{u_0 \cdot l}{\nu_{e_0}} = \mathrm{konst.} \tag{22}$$

3. Die Ähnlichkeitskennzahl der turbulenten Diffusion muß an ähnlichen Stellen des Strömungsfeldes gleich sein.

$$\left[\frac{u_0 \cdot l}{D_{e_0}}\right] = \mathrm{konst.} \tag{23}$$

Vollständigkeitshalber sei darauf hingewiesen, daß bei Berücksichtigung der Erdrotation die sogenannte Rossby-Zahl und bei nichtneutraler Schichtung die Richardson-Zahl einzuhalten sind.

In der Literatur ist es bisher üblich gewesen, die Ähnlichkeitsbetrachtungen auf das turbulente Strömungsfeld und seine Eigenschaften zu beschränken. So gibt z. B. *Berljand* [10] als einzuhaltende Ähnlichkeitskriterien an:

$$\begin{aligned} &\frac{z_0}{l} = \text{konst} \\ &\mathrm{Re} = \frac{u_0 \cdot l}{\nu} = \text{konst} \\ &\mathrm{Re}_w = \frac{u_0 \cdot l}{\nu_w} = \text{konst} \qquad \begin{pmatrix} \mathrm{Ka} = \text{Kármánsche Zahl} \\ R = \text{Turbulenzenergie} \end{pmatrix} \\ &\mathrm{Ka} = \frac{R}{\bar{c}^2} = \text{konst}, \end{aligned} \tag{24}$$

während *Cermak* [11] entweder nach *Nemoto* [12] außer der konstanten relativen Rauhigkeit, gleiche Wirbel-Reynoldszahl entsprechend der hier als turbulente Reynoldszahl bezeichneten Größe $\mathbf{Re}_w$ oder [13] gleiche laminare Reynoldszahl Re und gleiche Verteilungen der mittleren und turbulenten Geschwindigkeit fordert.

Für vollkommen ähnliche Wandgrenzschichten sind diese Bedingungen gleichbedeutend mit den hier formulierten Ähnlichkeitsgesetzen. Wie später gezeigt wird, geben die hier benutzten aber zusätzlich die Möglichkeit, z. B. bei künstlich verdickten Grenzschichten die Windkanalversuche auf die Verhältnisse in der bodennahen Erdgrenzschicht besser umzurechnen. Außerdem bringt die Einführung der Ähnlichkeitskennzahl der turbulenten Diffusion weitere Vorteile. So kann z. B. die Größe dieser Kennzahl unter gewissen Voraussetzungen für verschiedene relative Rauhigkeitshöhen z_0/δ berechnet werden und so die Ergebnisse von Messungen oder Rechnungen bei unterschiedlicher Rauhigkeit umgerechnet werden. Abb. 3 zeigt eine solche Abhängigkeit von $\left[\frac{u_0 \cdot \delta}{\bar{D}_w}\right] = f(z_0)$ unter Annahme einer linearen Verteilung des örtlichen Diffusionskoeffizienten über der Grenzschichtdicke.

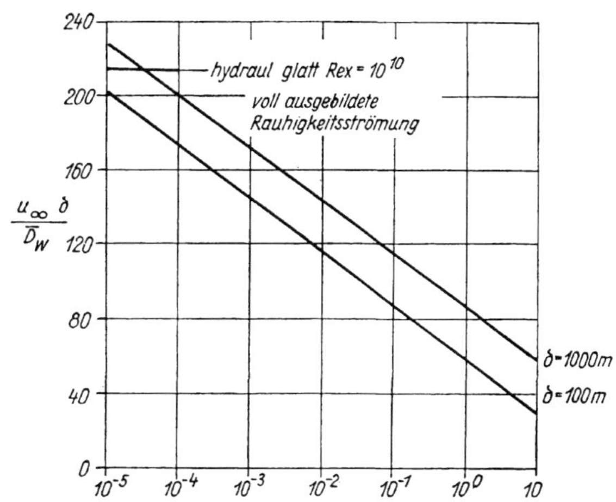

Abb. 3. Berechnete Abhängigkeit der Ähnlichkeitskennzahl der Diffusion von der Oberflächenrauhigkeit (Annahme $D_W \sim z$)

4. Praktische Durchführung von Modellmessungen

4.1. Meßaufbau

Nach den bisherigen Darlegungen kommt es bei der Modellierung der bodennahen Erdgrenzschicht im Windkanal darauf an, eine turbulente Grenzschicht an einer rauhen Platte zu erzeugen. Die Grenzschicht sollte möglichst dick sein, um den Modellmaßstab groß zu bekommen. Diese Forderungen können am besten an rauhen Platten von etwa 20 m Länge erfüllt werden, so daß im Meßquerschnitt die Grenzschicht ca. 1 m stark ist. Nach diesem Prinzip arbeitet z. B. der speziell für solche Untersuchungen erbaute Kanal von *Cermak* ([11] u. [13]. Will man jedoch übliche Windkanäle nutzen, so müssen besondere Maßnahmen zur künstlichen Verdickung der Grenzschicht ergriffen werden, da die konstruktiv möglichen Plattenlängen zu kurz sind und die damit erzielte Grenzschicht zu dünn wäre.

Der Grundgedanke aller Verfahren zur Erzeugung einer künstlich verdickten turbulenten Grenzschicht besteht darin, durch Turbulenzgeneratoren solche Turbulenzelemente über eine bestimmte Schichthöhe zu erzeugen, wie in einer normalen Grenzschicht gleicher Dicke vorhanden sind. Man kennt verschiedene Arten von Turbulenzgeneratoren, wie z. B. senkrecht auf der Platte stehende keilförmige parallel angeblasene Scheiben [14] oder ein parallel zur Platte und senkrecht zur Anströmung angebrachtes Gitter aus Stäben [15] oder Winkelprofilen [16]. Die gewünschte Grenzschichtverdickung kann auch durch Einblasen in die Grenzschicht erreicht werden [17].

Abb. 4. Ansicht des Versuchsaufbaus

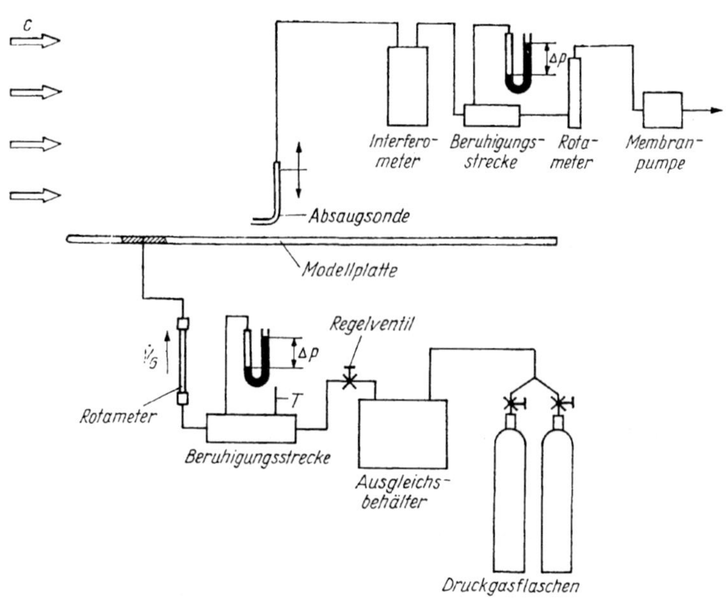

Abb. 5. Schematische Darstellung des Meßaufbaus zur Bestimmung der Konzentration

Für die Randbedingungen am Windkanal der TU erwies sich die Benutzung eines Gitters aus Winkelprofilen mit über der Höhe unterschiedlichem Abstand als günstigste Lösung. Zusätzlich ist die Plattenoberfläche noch mit Rauhigkeitselementen belegt, um eine bestimmte Rauhigkeit der Erdoberfläche nachzubilden. Die Abb. 4 zeigt eine Aufnahme des benutzten Versuchsaufbaus. Die damit erzielten Ergebnisse sind unter Beachtung der abgeleiteten Ähnlichkeitsgesetze auf die Verhältnisse in der neutral geschichteten Erdatmosphäre bis zu etwa 100 m gut übertragbar.

Als Indikatorgas diente CO_2, dessen Dichte zwar etwas höher als die von Luft ist, dafür ist es jedoch unschädlich und nicht giftig und somit für den Betrieb in geschlossenem Kreislauf besonders geeignet. Abb. 5 zeigt den schematischen Aufbau der Gaszugabe- und Gasmeßeinrichtungen. An einer beliebigen Stelle – hier als Bodenquelle – wird das Gas mit einem gemessenen Durchsatz $\dot{V}_G$ und einer bestimmten Geschwindigkeit c_G in das Strömungsfeld eingegeben. Über eine Absaugsonde – oder Bohrung in der Platte – wird nun an verschiedenen Punkten des Strömungsfeldes ein Teilvolumen mit etwa der örtlichen Strömungsgeschwindigkeit abgesaugt. Mit Hilfe eines Gasinterferometers wird die Konzentration an CO_2 in diesem abgesaugten Gemisch bestimmt.

4.2. Darstellung der Meßergebnisse

Die so gemessene örtliche Konzentration ist entsprechend den abgeleiteten Modellgesetzen in geeigneter Form dimensionslos darzustellen, um die Umrechnung auf die Verhältnisse in der atmosphärischen Grenzschicht zu ermöglichen. Dazu ist die Wahl der Bezugsgrößen u_0, l und D_{e_0} zweckmäßigerweise näher zu präzisieren.

Bei den zu untersuchenden Ausbreitungsfällen befindet sich im allgemeinen eine Quelle mit endlicher Austrittsfläche A und der Emissionsstärke $\dot{V}_G$ in der mittleren Höhe $z = H$ über dem Boden. In diesem Punkt ist die Strömungsgeschwindigkeit $u = u_H$ und der Diffusionskoeffizient in z-Richtung wird $D_{w_z} = D_{e_0}$ gesetzt.

Zur Nachbildung der theoretischen Randbedingungen bei einer Punktquelle muß die Gasaustrittsgeschwindigkeit c_G gleich der Windgeschwindigkeit u_H in Quellhöhe sein.

Wählt man als charakteristische Bezugslänge l die Wurzel der Quellenfläche A

$$l = \sqrt{A} = \sqrt{\frac{\dot{V}_G}{u_H}} \tag{25}$$

und als weitere Bezugsgrößen: $u_0 = u_H$, $D_{e_0} = D_{e_z H}$,
so ergibt sich die auf die Gasausbreitung aus einer Quelle im Querwind angepaßte Kennzahl der turbulenten Vermischung zu:

$$\left[\frac{u_0 \cdot l}{D_{e_0}}\right] = \left[\frac{u_H \cdot l}{D_{e_z,H}}\right] = \frac{\sqrt{u_H \cdot \dot{V}_G}}{D_{e_z,H}}. \tag{26}$$

Mit der allgemeinen für Werte der Grenzschicht definierten Ähnlichkeitskennzahl existiert folgender Zusammenhang:

$$\left[\frac{u_H \cdot l}{D_{e_z,H}}\right] = \left[\frac{u_\infty \cdot \delta}{D_e}\right] \frac{u_H}{u_\infty} \frac{\overline{D}_e}{\overline{D}_{e_z,H}} \cdot \frac{l}{\delta}. \tag{27}$$

Da die Verhältnisse $\frac{u_H}{u_\infty}$, $\frac{D_w}{D_{e_z,H}}$ und $\frac{l}{\delta}$ von der Lage und Stärke der Quelle abhängen, wird auch die spezielle Ähnlichkeitskennzahl (26) von den Daten der Quelle beeinflußt.

Wird die Konzentration auf diese Größe und alle geometrischen Längen auf die Bezugslänge l bezogen, so ergibt sich eine dimensionslose Auftragung der Ergebnisse in der Form:

$$\frac{k \cdot D_{e_z,H}}{u_H \cdot l} = f\left(\frac{x}{l}, \frac{y}{l}, \frac{z}{l}\right). \tag{28}$$

Diese Darstellung gestattet, mit den jeweiligen Werten der Quellintensität $\dot{V}_G$, der Strömungsgeschwindigkeit u_H und dem örtlichen Diffusionskoeffizienten D_{e_z} die Konzentrationen und die Koordinaten umzurechnen. Kennzeichnet man die Werte bei den Modellversuchen im Windkanal mit dem Index M, so ergeben sich die gesuchten Größen für die bodennahe Erdgrenzschicht zu:

$$k = k_M \left[\frac{D_{e0}}{u_0 \cdot l}\right]_M \cdot \left[\frac{u_0 \cdot l}{D_{e_0}}\right] \tag{29}$$

$$x = x_M \frac{l}{l_M}, \quad y = y_M \frac{l}{l_M}, \quad z = z_M \frac{l}{l_M}.$$

Der Modellmaßstab $m = l_M/l$ ist dabei bereits festgelegt:

$$m = \frac{l}{l_M} = \sqrt{\frac{\dot{V}_{G_M}\, u_H}{\dot{V}_G\, u_{H_M}}} \tag{30}$$

Damit können die Gleichungen (29) auch umgeformt werden:

(31)
$$k = k_M \cdot \frac{D_{e_0 M}}{D_{e_0}} \cdot \frac{u_0}{u_{0_M}} \cdot \frac{1}{m}$$

und
$$x_k = x_{k_M} \frac{1}{m} .$$

Um zu vollkommen ähnlichen Verhältnissen im Modellversuch zu kommen, müssen alle geometrischen Größen, d. h. also auch die Grenzschichtdicken δ und die Quellhöhen H entsprechend dem Modellmaßstab umgerechnet werden. Da z. B. δ_M/δ durch den Versuchsaufbau vorgegeben ist, liegt damit der Modellmaßstab und somit das Verhältnis von $(\dot{V}_G/u_H)_M/\dot{V}_G/u_H$ für vollkommene Ähnlichkeit fest.

Wie bei vielen Modellversuchen, so können auch hier bestimmte Modellregeln vernachlässigt werden, da ihre Nichteinhaltung nur von geringem Einfluß ist. Es konnte durch numerische Lösung der Diffusionsgleichung gezeigt werden, daß sich das Geschwindigkeitsprofil und der Verlauf des Diffusionsparameters nur im Bereich größerer Gradienten, d. h. in Wandnähe stärker auswirkt, so daß das Verhältnis der Grenzschichtdicken δ_M/δ in einem gewissen Bereich von dem durch die Beziehung (30) festgelegten Modellmaßstab abweichen kann. Die Grenzschichtdicke δ_M im Modellversuch liegt in praktischen Fällen etwa im Bereich von $\delta_M = 0{,}1$ m bis 1 m. Mit einer Vergleichsdicke von $\delta = 100$ m für die nachbildbare bodennahe Erdgrenzschicht ergibt sich ein Bereich des Modellmaßstabes von

$$m = 1 : 100 \quad \text{bis} \quad 1 : 1000.$$

Der Zeitmaßstab errechnet sich aus der Gleichheit der Strouhal-Zahl im Modell und Original zu:

(32)
$$\mathrm{Str} = \frac{t \cdot u_0}{L} \to \frac{t_M}{T} = m \frac{u}{u_M}$$

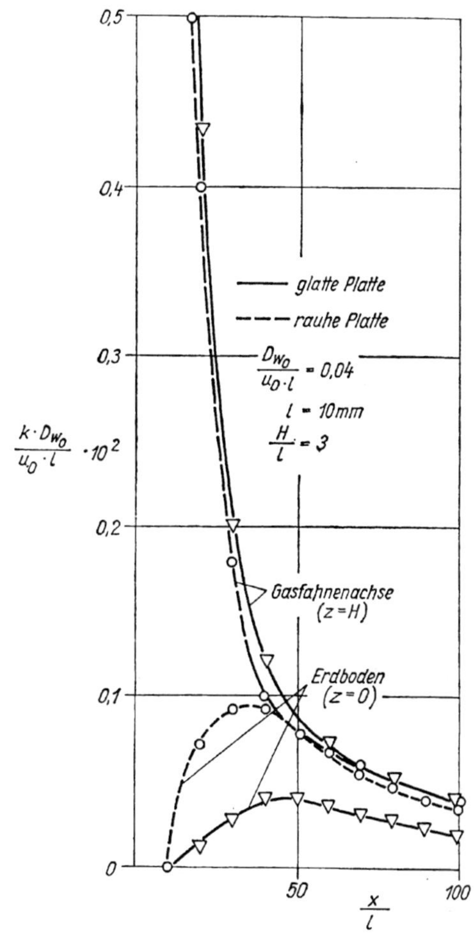

Abb. 6. Gemessene Konzentrationsverteilung hinter einer Punktquelle über einer rauhen Platte im Vergleich zur glatten Platte

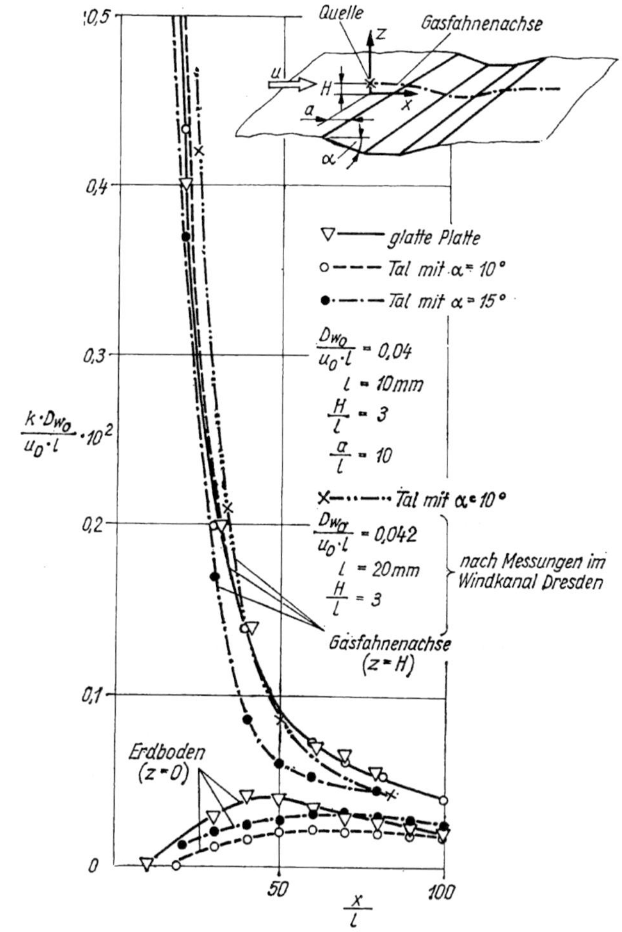

Abb. 7. Gemessene Konzentrationsverläufe in zwei flachen Tälern im Vergleich zur ebenen Oberfläche

Abb. 6 zeigt den Vergleich der gemessenen Konzentration entlang einer glatten und einer rauhen Platte. Die Bodenkonzentration zeigt starke Unterschiede, wobei das Maximum der Konzentration bei erhöhter Rauhigkeit höher und näher zur Quelle gerückt ist. Die Unterschiede entlang der Gasfahnenachse in Quellhöhe sind gering, so daß bestätigt wird, nur im Bereich großer Gradienten in Oberflächennähe wirkt sich das Geschwindigkeitsprofil und die Verteilung des Diffusionskoeffizienten merkbar aus.

Abb. 7 verdeutlicht den Einfluß von flachen Tälern auf die Vermischung von vor dem Tal ausströmendem Gas. Bei dem Tal mit 10° Hangneigung ist der Konzentrationsverlauf in Höhe der Gasfahnenachse praktisch mit dem über einem Gelände identisch, während am Erdboden die sich im Tal vergrößernde Entfernung zur Fahnenachse kleinere Bodenkonzentrationen bewirkt. Messungen im Windkanal des Instituts für Leichtbau (IfL) Dresden bei gleicher Talgeometrie und anderem Modellmaßstab sowie anderer Modellgrenzschicht ergaben befriedigende Übereinstimmung mit den eigenen Messungen. Die auftretenden Unterschiede sind vor allem auf die andere Art der Modellgrenzschicht zurückzuführen, so daß die Brauchbarkeit der vorgeschlagenen Umrechnungen bestätigt wird. Der größere Unterschied der Kurvenläufe für das Tal mit 15° Hangneigung ist auf die beginnende Ablösung der Strömung zurückzuführen.

5. Zusammenfassende Schlußfolgerungen

Die Nachbildung von Gasausbreitungsvorgängen im Windkanal stellt eine sinnvolle Ergänzung theoretischer Lösungen dar. Dabei kommt es darauf an, die Strömungsverhältnisse ähnlich zu den Bedingungen der bodennahen Erdgrenzschicht zu erhalten, um die Ergebnisse der Modellversuche übertragen zu können. Die Ähnlichkeitsbedingungen für die Vermischung in turbulenten Strömungen wurden für den Fall neutraler Schichtung abgeleitet, wobei sich eine besondere Ähnlichkeitskennzahl der turbulenten Diffusion ergab. Bis zu Höhen von etwa 100 m kann die bodennahe Erdgrenzschicht durch eine Grenzschicht an einer rauhen Platte modelliert werden, wenn die Wirkung der höheren Luftschichten durch einen am Grenzschichtrand erhöhten Turbulenzgrad berücksichtigt wird. Ein speziell entwickeltes Turbulenzgitter erzeugt eine künstlich verdickte Grenzschicht mit etwa den Eigenschaften einer gleich dicken Plattengrenzschicht an einer rauhen Wand.

Die Modellgesetze zur Umrechnung der Ergebnisse von Messungen im Windkanal werden abgeleitet und experimentell überprüft. Beispiele von durchgeführten Messungen bestätigen die Brauchbarkeit des verwendeten Meßaufbaus und Auswertverfahrens.

Literatur

[1] *Monin, A. S. und Obuckov, A. M.:* Osnovnye zakonomernosti turbulentnogo peremešivanija v prizemnom sloe atmosfery. Trudy Geofiz. Inst. AN SSSR 24 (151) (1954),
[2] *Roth, R.:* Modelle für das Windprofil über einer rauhen und einer glatten Oberfläche. Beitr. z. Phys. d. Atmosphäre 45. Bd. (1972) S. 277
[3] *Counihan, J.:* Adiabatic Atmospheric Boundary Layers. Atmosph. Envir. Vol. 9 (1975) 2. 871
[4] *Counihan, J.:* Further measurements in a simulated atmospheric boundary layer. Atmospheric Environment 4 (1970) S. 259.
[5] *Pasquill, F.:* Some aspects of boundary layer description. Quarterl. Journ. of the Royal. Met. Soc. 98 (Juli 1972) Nr. 417, S. 469
[6] *Panofsky, H. A. u. McCormick, R. A.:* The spectrum of vertical velocity near the surface. Quart. J. Roy. Met. Soc. 86 (1960) S. 495
[7] *Albring, W.:* Angewandte Strömungslehre. Theodor Steinkopff, Dresden, 4. Aufl. 1970, S. 327
[8] *Ihlenfeld, H.:* Strömungstechnische Aspekte bei der Ausbreitung von Gasen in der Atmosphäre. Sitzungsberichte der AdW der DDR 6 N/1976, Akademieverlag der DDR
[9] *Siemens, H.:* Experimentelle Untersuchungen zum Einfluß der Reynoldszahl für die turbulente Vermischung. TU Dresden 1975 (unveröff.)
[10] *Berljand, M. E.:* Sovremennye problemy atmosfernoj diffusii i zagrjaznenija atmosfery. Gidrometeoizdat, Leningrad 1975.
[11] *Chaudrhy, F. H. und Cermak, J. E.:* Windtunnel modelling of flow and diffusion over an urban complex 1971. Technical Report Nr. 17, Colorado State University, Fluid Dynamics and Diffusion Laboratory.
[12] *Nemoto, S.:* Simularity Between Natural Wind in the Atmosphere and Model Wind in a Wind Tunnel. Papers in Meteorology and Geophysics 1961 Vol. 12 (Nr. 1,2) S. 30, 117 und 1962 Vol. 13 (Nr. 2) S. 171
[13] *Cermak, J. E.:* Wind tunnel simulation of atmospheric flow and dispersion. 1973 Colorado State University. Fluid Mechanics Program
[14] *Counihan, J.:* An improved method of simulation an atmospheric boundary layer in a wind tunnel. Atm. Envir. 3 (1969), S. 197–214.
[15] *Cook, N. J.:* On simulating the lower third of the urban adiabatic boundary layer in a wind tunnel. Atm. Envir. 7 (1973), S. 691–705
[16] *Gorlin, C. M.:* Eksperimentalnaja aeromechanika
[17] *Schon, J. P. und Mery, P.:* A preliminary study of the simulation of neutral atmospheric boundary layer using air injection in a wind tunnel. Atm. Envir. 5 (1971), S. 299
[18] *Wieghardt, K.:* Über Ausbreitungsvorgänge im Bodenwind. Meteorologische Rundschau 2 (1949) S. 196

Anschrift: Doz. Dr.-Ing. H. Ihlenfeld, TU Dresden, Sektion Energieumwandlung. Bereich Strömungstechnik, 8027 Dresden, Mommsenstr. 13

Hinweise für die Autoren

1. In der „Zeitschrift für Meteorologie" können Originalarbeiten (Übersichtsreferate, Aufsätze, kurze Originalmitteilungen, Buchbesprechungen, aktuelle Beiträge zur Chronik des Fachgebietes) in deutscher, russischer oder englischer, in Ausnahmefällen auch in französischer oder spanischer Sprache veröffentlicht werden.
Es wird gebeten, den Titel der Arbeit in deutscher, russischer und englischer Sprache anzugeben.
2. Es wird darum gebeten, Manuskripte direkt einem der Herausgeber einzureichen. Die Herausgeber sind berechtigt, ggf. den Autoren Änderungswünsche zu unterbreiten.
Anschriften: Prof. Dr. K. Bernhardt, Humboldt-Universität zu Berlin, Sektion Physik, Bereich Meteorologie und Geophysik, 1162 Berlin, Müggelseedamm 256/258. Prof. Dr. E. A. Lauter, Akademie der Wissenschaften der DDR, Zentralinstitut für solar-terrestrische Physik (Heinrich-Hertz Institut) 1199 Berlin, Rudower Chaussee 5. Prof. H. Pleiß, 809 Dresden, Am Kronenhügel 4
3. Jedem Aufsatz sollte vom Autor eine Zusammenfassung von maximal 8–10 Schreibmaschinenzeilen in deutscher und mindestens einer Fremdsprache (russisch, englisch) vorangestellt werden.
4. Die Manuskripte sind in Maschinenschrift 1½-zeilig auf A-4 Bogen erwünscht. Bei der Anfertigung der Manuskripte sind die TGL 6710 Blatt 1 (Maschinengeschriebene Manuskripte für Bücher, Broschüren und Zeitschriften) und die TGL 10–098 (Formeln in Druckerzeugnissen) zu beachten.
5. Abbildungen sind in gut reproduzierbaren Vorlagen einzusenden. Die Beschriftung auf den Abbildungen soll mit Bleistift erfolgen. Der Maßstab für eine evtl. Verkleinerung oder Vergrößerung ist in der rechten oberen Ecke ebenfalls mit Bleistift anzugeben.
6. Sollen bestimmte Manuskriptteile kleiner als der übliche Text oder kursiv bzw. gesperrt gesetzt werden, so ist das Manuskript für diesen Teil auch 1½-zeilig zu schreiben, aber seitlich mit einem senkrechten Strich zu versehen und mit „Kleindruck", „kursiv" oder „gesperrt" zu kennzeichnen.
7. Für die Literaturangaben wird folgende Verfahrensweise empfohlen. Im Text: Angabe des Verfassers und der Jahreszahl, bei mehreren Artikeln des gleichen Verfassers im gleichen Jahr sollte bei der Jahreszahl der Zusatz a), b,) c), usw. gemacht werden. Im Literaturverzeichnis: Name und abgekürzter Vorname des Autors, Titel der Arbeit, Angabe der Zeitschrift, des Bandes, des Erscheinungsjahres sowie der Seitenzahl. Bei Büchern sind die entsprechenden Angaben erwünscht unter Hinzufügung des Verlages, des Erscheinungsortes und bei Neu- und Nachauflagen der Auflagennummer.
8. Den Autoren wird empfohlen, nur die gesetzlich verbindlichen Maßeinheiten und deren Abkürzungen zu verwenden (Gesetzblatt der DDR vom 1. März 1969, Sonderdruck Nr. 605).
9. Die eingereichten Arbeiten dürfen an keiner anderen Stelle bereits veröffentlicht worden sein; die Autoren verpflichten sich zum Druck angenommene Arbeiten nicht anderweitig zu veröffentlichen.
10. Die Redaktion macht darauf aufmerksam, daß der Verlag berechtigt ist, dem Autor den über 10% der Gesamtkosten des Satzes hinausgehenden Betrag für Korrekturen, die nicht durch Verschulden der Druckerei entstanden sind, in Rechnung zu setzen.
11. Jeder Autor erhält 50 Sonderdrucke kostenlos; bei Arbeiten mehrerer Autoren erhält jeder Autor 30 Sonderdrucke.
12. Nachdrucke und Übersetzungen sind nur unter Angabe der Quelle und mit Genehmigung des Verlages gestattet.
13. Für den Inhalt der Arbeiten sind ausschließlich die Autoren verantwortlich. Die Redaktion ist für alle den Druck der Arbeiten betreffenden Fragen zuständig.
14. Die Anschrift der Redaktion lautet: Redaktion „Zeitschrift für Meteorologie", DDR 15 Potsdam, Kleine Weinmeisterstr. 14.

Inhaltsverzeichnis

Aufsätze

Contents

Papers

Содержание

Статьи

Zeitfracht Medien GmbH
Ferdinand-Jühlke-Straße 7
99095 Erfurt, Deutschland
produktsicherheit@kolibri360.de